WISDOM in 實戰智慧

15家金牌卓越企業分享致勝法則

COMBAT

目錄

04　推薦序

韌性城市 任你發揮 鄭文燦市長

06　序

兼具雙元能耐的致勝之道 謝明慧教授

致勝法則 **1**

洞察需求

10　一絲一縷　建構出贏面

興采實業股份有限公司

22　協助居家醫療　注入可靠安心

瑞健股份有限公司

致勝法則 **2**

見樹見林

36　轉動量能　激發傳產新實力

碩陽電機股份有限公司

48　食藥產業　堅實後盾

元成機械股份有限公司

致勝法則 **3**

解構難題

62　服務創新　迎戰新常態

耿豪企業股份有限公司

74　實踐跨域　創價展新局

濾能股份有限公司

致勝法則 **4**

利他共贏

88　尖端科技　鞏固大眾健康
葡萄王生技股份有限公司

100　協助人們圓夢　成就更圓滿
台灣房屋仲介股份有限公司

112　永續價值　用信賴改變世界
美商台灣明尼蘇達礦業製造股份有限公司（3M）

致勝法則 **5**

以簡馭繁

126　豐厚研發能量　為客戶提解方
致茂電子股份有限公司

138　快步革新　躍進綠色智能時代
聚紡股份有限公司

致勝法則 **6**

刻意練習

152　超前部署　細胞治療生力軍
和迅生命科學股份有限公司

164　取得平衡　互補共存
日文科技股份有限公司

致勝法則 **7**

促發激勵

178　持續前進　永續節能神救援
全漢企業股份有限公司

190　站上最熱板塊　成為實力派
上暘光學股份有限公司

推薦序

韌性城市　任你發揮

鄭文燦 市長

　　近兩年來，世界在疫情下面臨了前所未有的考驗，桃園身為國家門戶，更肩負著重大責任，除了必須堅守防疫陣線，也是許多臺商回流的落腳首選。根據經濟部最新統計數據，投資臺灣三大方案（歡迎臺商回臺投資行動方案、根留臺灣企業加速投資行動方案及中小企業加速投資行動方案）中，截至 111 年 7 月本市獲總投資達 3,386 億元，逾百家企業選擇深耕桃園；另外，商業登記至 110 年底總家數 62,714 家，公司登記總家數 65,914 家，商業及公司登記年成長率六都第一，為本市創造龐大就業需求，使經濟蓬勃發展。

　　桃園一直是全國產業重要聚落，鮭魚返鄉的臺商近幾年也陸續加入陣容，目前桃園地區擁有 34 個報編工業區，眾多業者選擇在桃園設廠，包含電子、機械、資通、生醫、傳產、物流及服務業等種類，規模從上市公司、中小企業到新創團隊都有，其中不乏存在擁有核心技術、全球市占率高的隱形冠軍。本書特別收錄了 15 家於桃園落地生根的企業，其累積多年的

實戰智慧，在風起雲湧的商場上如何站穩腳步、克敵制勝，並帶領產業登上世界舞臺。即使疫情擾局，面臨難以預測的眾多挑戰，這 15 家企業依舊能憑藉多年累積的實力與智慧，淬鍊多年的技術應用，乘勢而起深化產線與顧客間的穩固關係，透過經營者卓絕的眼界，為企業做足準備，全面展現連結力、穿越力與開創力，以增強企業韌性。不僅如此，這些桃園在地企業更具環境永續的前瞻性，在營收屢創新高的同時，積極進行產業能源升級與轉型行動，兼顧綠色永續的願景、落實循環經濟，善盡企業社會責任。

越是混沌不明的時代，越能在濁局中看見真本事。透過書中「洞察需求」、「見樹見林」、「解構難題」、「利他共贏」、「以簡馭繁」、「刻意練習」及「促發激勵」七大主題的解析，了解企業如何在局勢變化之際，找出經營的優勢與強項，跳脫思考框架迎向挑戰，展現更為強大的信念，成就與眾不同的創造力，更希望這 15 家桃園在地企業的實戰智慧，能提供臺灣產業嶄新具創意的經營心法。

序

兼具雙元能耐的致勝之道

謝明慧 教授

　　台灣雖然在世界地圖上只是一個小點，但這個小點卻在全球的供應鏈發光發熱，而這 15 家企業正是這些光點的縮影。猶記得 80 年代的好萊塢電影《致命吸引力》裡的 MIT（台灣製造）雨傘、90 年代《世界末日》裡的 MIT 太空梭的零件，曾幾何時，MIT 被貼上劣質的標籤、被觀眾嘲諷。經過 20、30 年的努力，台灣廠商奮力轉型、創新，一步步贏得供應鏈夥伴的信任；另一方面，我們也看到諸多廠商蛻變為布局全球的自創品牌主。

　　除了作者歸納出的七大制勝之道（洞察需求、見樹見林、解構難題、利他共贏、以簡馭繁、刻意練習、促發激勵）之外，個人也發現書裡的這 15 家企業都是具有雙元特質（ambidexterity）的雙元組織（ambidextrous organization）。所謂的雙元性組織指的是組織有能力同時兼顧兩種看似相互牴觸的模式或是能力。

　　首先，幾乎所有的企業都同時兼顧深化和探索的能力。每位經營者皆具備穩扎穩打、精益求精的精神，不斷優化產品以達到國際級的水準；同

時，又抱持開放的心態，探索新的可能性；藉助於原創性學習（generative learning），發現顧客自身都尚未察覺或未能言喻的需求，在顧客提出需求之前就推出新產品，引領市場。

其次，大多數的經營者都有發達的感性腦和理性腦。這些經營者多是技術出身、技術本位，帶領企業憑藉著高技術含量，在國際市場占一席之地；難能可貴的是，不同於一般研發人員的思維，這些企業也兼顧同理心的培養，致力於體會並解決於客戶的痛點。對於人性面的重視，也展現在員工關懷及人才培養上，也因為將團隊視為珍貴的資產，才能在面對如疫情之累的巨大衝擊之下，贏得員工的支持快速穩定軍心，度過危機。

其三，許多的企業都同時兼顧 EPS 和 ESG。依據聯合國布倫特蘭委員會的定義，永續發展是滿足現在（經濟）發展需求，但不危及下個世代滿足他們自己需求的能力。換句話說，企業在採取 ESG 相關措施時，必須確保其 EPS 的表現，才能穩定支持 ESG 的推動。不同於將 ESG 視為與本業無關的公益行為，書中的企業多將環保（E）、員工關懷和社區經營（S）與本業結合，並且視其為提升企業競爭力的契機。雖然需要投入 ESG 會增加成本，最終必能為企業來提升價值（value-up）帶來溢價（premium）。在全球產業發展從褐色經濟轉型為低碳經濟的道路上，我們樂見這些企業順勢而為。

很榮幸藉由寫序參與這個作品，讓我有機會一窺這 15 家橫跨電子、傳產、生技醫療、光電及服務業企業的實戰智慧。書中的每一個個案的致勝之道，都發人省思，值得細細品味，反思如何應用到自己的企業。

（本文作者為國立臺灣大學管理學院專任教授）

WISDOM IN COMBAT

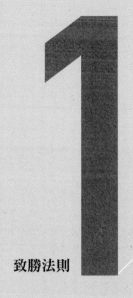

致勝法則 1 洞察需求

從需求洞悉商機，在客戶尚未反應前就給予解方！

興采實業股份有限公司

瑞健股份有限公司

致勝法則 **1** 洞察需求

一絲一縷 建構出贏面

興采實業股份有限公司

面臨中國、東南亞市場削價競爭，代工利潤逐漸弱化，曾經蓬勃發展的台灣紡織業，成為人人口中的夕陽產業。然而，興采實業洞察市場趨勢，轉而投入機能布料的研發製作，不僅為使用者創造需求，更將環境永續放在心上。環保科技咖啡紗、回收寶特瓶製成原料，還有刷毛不掉毛的保暖面料……興采之所以能享譽國際，是因為創新能量總是令人驚豔，超乎你我的想像！

　　小張是一名運動愛好者，每天下班後都要出門慢跑，週末也喜歡騎自行車親近大自然，他還跟朋友約好，下個月要一起挑戰單攻玉山。戶外運動是小張生活中的一部份，所以他特別在乎衣服材質是否輕薄、利於身體活動，遇上小雨還可以防水，才能讓自己心無旁騖地追求最佳表現。不過，現在他最焦慮的是明天的企劃簡報，並不是擔心報告內容不夠完善，而是因為全程都得穿著西裝外套，自己又是容易流汗的緊張大師，如果在台上講得滿身大汗，實在是太尷尬了！

　　以上這些需求，可以靠吸濕排汗、保暖透氣的「機能性服飾」一次解決。放眼台灣，製造機能性紡織品的公司為數眾多，多半都能推出符合市場需求的產品，但興采實業不僅滿足消費者，也為使用者創造需求，更將環境永續放在心上。

從小小棉被店起家的興采，如今已成為台灣高科技紡織業界的巨擘。

不只遮風擋雨 「微氣候層」也要乾爽舒適

　　「我常笑説，衣服每天都跟自己在一起，其實比伴侶還要親密！」對興采實業創辦人暨董事長陳國欽來説，衣服不只是民生必需品，更是讓生活過得舒適自在的好夥伴。當快時尚產業崛起，每個人都買得起衣服、而且愈買愈多時，衣服不再只是被你我單純用於蔽體，或是展現穿著的品味，而是要依據季節、氣候、情境滿足不同需求，無論從事任何活動，都能維持身體的乾爽舒適。

　　陳國欽巧妙比喻，一棟房子如果長期門窗緊閉，空氣不流通絕對讓人昏昏欲睡，若將窗戶打開，空間自然通風，就能引進清新涼爽的空氣。「我們的身體也是一樣！每一吋皮膚的感受都會影響心情，也會影響動作。」尤其在戶外運動時，衣服和身體一起律動，從溫度、濕度到皮膚的感受，使用者最在乎的就是穿著體驗。

　　他以爬玉山為例，一天單攻主峰僅需輕裝，如果要過夜再攻頂，身上的衣服和裝備自然也有差異。這時候，機能服飾不只幫助登山者抵禦外在氣候，還要能做到吸濕、排汗、防水、除臭，讓布料和肌膚之間的「微氣候層」透氣舒爽——如此專注於身體的渴望，就是興采團隊持續研發好產品的關鍵。

從寢飾到機能紡織 轉型成業界領頭羊

　　陳國欽出身自台灣早期的紡織重鎮——彰化和美，從小看著祖父和父親彈棉花手工製被，耳濡目染之下，長大後求學也主修紡織，退伍後更直接到紡織廠工作。「父親跟我説過，如果未來要創業，就要做溫暖人心的事業。」1989 年，27 歲的陳國欽自立門戶，和同為紡織專業的妻子賴美惠創立「興采寢飾精品店」，從寢飾及平織布種做起，當時台灣的紡織業發展相當蓬勃，興采也乘著經濟奇蹟的翅膀起飛。

陳國欽認為,對產品有信心就應該告別代工,成為自有品牌的設計製造商。圖為興采與世界知名品牌 HUGO BOSS 合作的服飾,興采咖啡紗的商標與 HUGO BOSS 並陳。

獲獎無數的興采實業,從沒停下研發的步伐,持續向前。

　　然而,由於中國、東南亞的市場削價競爭日益惡化,曾經叱吒風雲的紡織廠紛紛倒閉,陳國欽決定在 1994 年轉型成立「興采實業」,開始投入開發防水透濕產品、高階機能性布種等機能性紡織品。當時,興采的營業項目囊括纖維、紗、機能布及成衣類原料,也提供半成品的委託加工服務,已經是國內紡織業界的領頭羊。

　　「材料好,為什麼不做成品牌?只要體貼使用者,用心做對的事,市場自然會喜歡我們的產品。」陳國欽強調,多年來台灣品牌最大的困擾,就在於總是在做 OEM(代工生產)或 ODM(原廠委託設計代工),無法展現屬於企業的價值,他認為只要對產品有信心,就應該告別代工,勇敢 OBM(建立品牌),成為自有品牌的設計製造商。

　　於是,興采大膽建立自有品牌「SINGTEX」,環保科技咖啡紗於焉誕

生。過去人們認為咖啡渣是無用的廢棄物，興采卻看見它「除臭」的妙用，決心將它融入紗線，製成各種面料和紡織品。從乾燥、萃油開始，利用低溫高壓將咖啡渣研磨成奈米大小，再加入纖維母粒，融化、抽成比髮絲還細 1/10 的原絲，最後加工成有彈性的咖啡紗線，製成具有環保價值的機能服飾⋯⋯如此流暢的製程，其實一點都不簡單。

咖啡變黃金打造獨步全球的紡織品

從 2005 到 2008 年，興采耗費 4 年、斥資高達 6000 萬元，前後一共歷經八次失敗，才逐一克服各種研發問題，直到第九代咖啡紗運用了超臨界技術，將咖啡渣中的油脂萃取分化，不但讓吸附臭味的效果更好，也改善衣服穿久了容易產生異味的問題。這樣優質的環保紗線，陸續獲得美國匹茲堡、德國紐倫堡、瑞士日內瓦的國際發明大獎，同時引發業界關注，訂單宛如雪片般飛來。舉凡 PUMA 帆船隊專用服、Timberland 吸濕快乾外套、HUGO BOSS 保暖背心裡，都藏有興采的環保科技咖啡紗，如今全球有超過 110 個國際知名服裝品牌，都成了興采的死忠客戶。

咖啡紗的妙用不僅止於此，興采還加入回收寶特瓶製成的聚酯纖維，做成抗菌又除臭的機能型外套。咖啡渣中萃取的咖啡油也不能浪費，可以製成精油、洗髮精、面膜、美妝品，還能和 PU 結合做成防水薄膜，這類生質面料用以取代石油原料，成為世界友善地球品牌的材料首選。

儘管「資源回收再利用」並不是什麼新鮮的觀念，卻少有企業能夠完全落實，遑論將垃圾變成黃金。看似無用的咖啡渣、寶特瓶，之所以完美化身為機能服飾的原料，甚至做成防水耐寒的可伸縮西裝，正是因為興采持續著眼於生活細節，看見廢棄物的價值，才能讓紡織和環保完美結合，打造獨步全球的商品，展現致勝實力。

SINGTEX®
STORMFLEECE™

興采以優異的紡織科技打造綠色品牌，實踐友善環境的承諾，圖為 SINGTEX STORMFLEECE 興采專利風暴刷毛技術。

刷毛不掉毛！有效減少環境污染

「穿穿看！這件衣服就像是男友溫暖的懷抱！」話鋒一轉，陳國欽拿起一件運動外套，外觀輕薄柔軟，其實內層的刷毛大有玄機。

他解釋，一般刷毛材質的衣褲穿起來雖然溫暖，丟進洗衣機清洗之後，卻容易掉落大量超細纖維，隨著污水流出洗衣機，再流入大海，形成難以阻擋的環境污染問題。有鑑於此，興采推出「風暴刷毛」系列面料，以平織與刷毛工藝技術打造，外層能遮風擋雨，內層則是柔軟溫暖，穿起來有型又舒適；也因為平織結構較一般針織面料緊密，所以能減少掉毛疑慮，更加友善環境。

面料上的無數凸點看似不起眼，也充滿小心機。「布料的染整就像炒青菜，炒太久會影響口感，炒得剛剛好，這盤青菜就清脆又好吃！」陳國欽解釋，還沒有經過染整的布料是平整的，經過精密的染整工序後會縮小，在表面形成一個個小凸點，這就是輕薄衣料可維持體溫的秘密。如此劃時代的刷毛技術，讓冬衣不必塞入填充棉，也不再需要「殺鵝取絨」，就能做到防風保暖，同時兼顧吸濕排汗的功效。

陳國欽平時愛好參加各項戶外運動，深知機能型衣物不能只空有功能，還必須兼顧舒適感，讓消費者無論身處城市或郊區，走進山林或親近海洋，面對不同的地形和天候條件，都有合適的衣物可以選擇。因此，他對興采的產品充滿自信：「我們希望消費者就算是在戶外運動，也像是站上伸展台，感覺自信又愉快！」

研發要迎合需求 更要創造需求

早年以傳統紡織產業起家的興采，何以能如此深具巧思，獲得 96 個世界級專利，大受國際歡迎？陳國欽的答案是「創造需求」。

「市場上已經存在的東西，如果你做、我也做，就只能淪落價格紅海競爭，完全沒有意義。」陳國欽認為，產品研發必須有「創造需求」的能力，才能開發出符合市場需求的產品。目前，包含物理、化學、機電、AI 人工智慧、自動化，興采團隊旗下擁有超過五十名研發人員，但一般「科學腦」往往理性大於感性，忙著鑽研技術之餘，卻忽略了消費者的需求。「所以我常常開會，把消費者的需求告訴研發同仁。」陳國欽說，唯有理解客戶痛點，才可成為有別於一般科學家的研發人才，所以興采非常重視研發人員的溝通能力，不但得體會使用者需求，也要懂得和設計者溝通。

「研發一定要和創新擺在一起，人、機、料、法、環，缺一不可。」他以「全面質量管理理論」說明影響產品品質的五個因素：人才（Man）、機械（Machine）、物料、方法（Method）、環境（Environment），這些都是興采研發團隊最重視的部分。因此，每年興采投入研發的經費占比超過總營收的 3.5%，以 2021 年的集團營收 28.8 億來計算，當年度就有一億元作為研發經費，遠高於一般傳統產業，足見陳國欽對相關人才的重視。

企業要有源源不絕的動能，以及不滿足於現狀的企圖心，更要懂得感念同仁，才能持續壯大版圖。「我們有崇高的願景，也有非常優秀的團隊！沒有這些同仁，公司就無法運轉。」目前，興采在台灣有超過 600 名員工，陳國欽除了維護同仁生計，也不忘創造快樂的工作氛圍，為他們帶來更多成就感。「成就感來自溫暖人心的善念，這也是興采的靈魂所在。」這樣的信仰，深深刻在陳國欽的血液裡。「因為我們家是做棉被的嘛！」

捐贈防疫物資、製程低污染 善盡社會企業責任

2020 年，全球遭逢新冠疫情肆虐，國際經貿局勢詭譎多變，也擾亂了全球航運，於是原物料運輸成本大增，興采的業務同仁無法出國參展，許多工作只能利用遠距服務。在這樣腹背受敵的情況下，興采相信危機就是轉機，不僅持續擴廠，也將營收回饋給員工。陳國欽說，原本每年原物料的運費頂多四、五百萬，受到疫情影響之後，不得不以空運取代海運，2021 年光是空運成本就高達 3800 多萬，但營收依然比 2020 年高出 36%，足見興采的市場競爭力。

在機能布料的舞台上站穩了腳步，興采還跨足防疫醫療用品領域，積極回饋社會。早在疫情初期，興采就超前部署，將防水透濕產品線積極轉型，增加醫療等級的防護產線，當 2021 年台灣進入三級警戒，興采除了

捐出超過兩千萬元的防疫物資給許多醫療院所、學校和警消單位,同時和子公司「聚紡」共同提供衛福部 100 萬件隔離衣。此外,旗下子公司「神采時尚」也經過衛生福利部核可,加入防疫國家隊的行列,致贈各大院所 P3 等級的「神采防護衣」,成為醫護人員的強力後盾。

環境永續愛地球 是興采的使命

「要克服困難,不要被困難給克服!」陳國欽經常如此勉勵同仁,也樂於接受各種挑戰,他相信優質產品能將台灣的美好獻給世界,絕對不會寂寞。訪談當天早上,他接待立大化工董事長參訪子公司「聚紡」,一群人踏進廠房正要參觀,就大呼不可思議。「那位董事長跟我說:『Jason 桑!為什麼我沒有聞到化學品的刺鼻味道?』」原來,興采對環保的重視融入產品,也充分落實在生產製程中。

陳國欽解釋,一般紡織業的染整加工過程會產生廢水,常被認為是製造污染的產業,但興采走在業界前線,力求製程低污染,早在 2007 年建

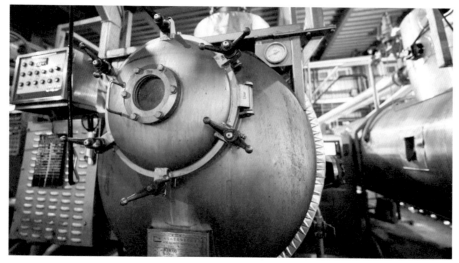

紡織製程中需要大量的水，但興采依舊能精省水資源。圖為興采 Bluesign® 驗證 高精密環保染整中心省水染機。

置高精密環保染整研發中心，設廠初期就導入環保工程。舉凡利用天然氣作為廠內熱源，可以降低傳統染整使用重油產生的溫室氣體排放，減碳量高達 35 噸；加熱裝置加設熱回收系統，可以節省 70% 用水量，每年節水可達 5400m³；導入無溶劑染整製程，通過全球環保標準最高規格的瑞士 bluesign® 認證，節省染整化學品比例達到 50%……這些細膩的規劃，在在展現守護環境的決心。2021 年、2022 年，興采連續榮獲桃園市金牌企業卓越獎的「愛地球獎」，可說是實至名歸。

站上國際舞台 關鍵技術要留在台灣

　　高科技、高效率，讓台灣成為世界級的人造纖維供應國，但面對氣候變遷，環境永續不僅是趨勢，更是刻不容緩的任務。2015 年，聯合國宣布

「2030 永續發展目標」（Sustainable Development Goals, SDGs），紡織產業的下一波革命，必然要著力於永續環保。興采作為地球的一份子，期許從自身做起，堅持綠色設計、綠色製造，以優異的紡織科技打造綠色品牌，不僅提升你我的穿衣生活質感，更不忘善待環境，實踐對政策的承諾。

「當我們的品牌在消費者心中佔有一席之地，台灣就走出去了。」即使早已站上國際舞台，陳國欽仍希望將紡織的核心技術留在台灣。2022年，興采正式收購長期的代工合作夥伴「聚紡」，納入其機能性塗布、貼合等專業代工技術，將上下游關係進行垂直整合，擴大在台灣的染整機台設備與產能，期望打造一條龍的環保供應鏈，為消費者提供更完善的產品與服務。

踩穩步伐，數十年磨一劍，陳國欽帶領興采在減碳過程中尋找獲利，他的眼神閃爍著光芒：「地球只有一個，我們願意盡一份心力，不但要做面料的製造商、製程的減廢者，更要成為永續環保的推動者！」從傳統紡織業到機能性紡織，再轉型到環保機能性紡織。未來，興采將在後疫情時代盡心耕耘，和聚紡共同提升產品價值、拓展品牌業務，走在綠色時尚的尖端，更要為台灣紡織業開創全新格局，將這份動人的價值永遠傳承下去。

興采實業小檔案

興采實業成立於 1989 年，以機能性紡織品為發展主軸，後因應全球氣候變遷，決心肩負起維護環境、永續發展的重任，轉而推動環保機能性紡織品。2008 年，成功研發世界首創的「S.Café® 環保科技咖啡紗」榮獲世界三大知名國際發明獎肯定，並持續創新研發，不僅追求衣物的優異機能，更落實減少污染、能源消耗的使命，在國內外獲獎無數，成為許多台灣與國際品牌不可或缺的供應商。精準洞察市場需求、主動研發創新產品，從看似無用的廢棄物中發現新價值，為再生資源多盡一份心力，是興采永恆不變的企業理念。

致勝法則 **1** 洞察需求

協助居家醫療 注入可靠安心

瑞健股份有限公司

不說您可能不知道，全球絕大多數藥廠所採用的自動注射筆，竟然都出自桃園。瑞健醫療（**SHL Medical**）是藥物輸送系統的設計、研發與製造龍頭，全球前 **25** 大藥廠中，多數是與瑞健合作長達 **30** 多年的忠實客戶……

　　對於需要長期注射藥品的慢性病患者來說，若得天天跑醫院請護理師施打太耗費時間，通常會選擇在家自行注射。只是，要把針扎進肉裡可是需要勇氣的，且依藥品的藥理機轉的不同，分成肌肉注射與皮下注射，兩者的下針深度不同，萬一下針位置不對，也有可能打中血管、神經，因此居家注射有許多環節需注意。

　　為了使居家施打更為便利，藥廠紛紛著手開發自動注射器，外型如同自動筆一樣的造型，看不到亮晃晃的針尖，可減少病患心理壓力，施打時只要輕輕按壓就能精準完成，大幅降低非專業人士自行注射時的難度。

一雙拳擊手套 讓瑞典企業家選擇在台創業

　　然而，不說您可能不知道，絕大多數藥廠所採用的自動注射器，竟然都是出自位於桃園的瑞健。瑞健醫療（SHL Medical）是藥物輸送系統的設計、研發與製造龍頭，全球前 25 大藥廠中，多數是與瑞健合作長達 30 多年的忠實客戶。

　　成立於 1989 年的瑞健，由瑞典籍的 Roger Samuelsson 和 Martin Jelf 一同創立，跟台灣毫無淵源的 Roger Samuelsson，怎麼會選擇在人生地不熟的台灣創業？

圖為創業初期，瑞健遷址到新北市汐止區，Roger 親自在辦公室組裝家具的珍貴畫面（圖取自瑞健官網）

說起這段傳奇，原來讓他起心動念的，竟然是一雙「拳擊手套」！

熱愛運動的 Roger Samuelsson 是業餘拳擊好手，有回在賽場中使用台灣製的拳擊手套，對手套的高品質及耐用度留下深刻印象，上頭印著「Made in Taiwan」引起他的好奇。這個從未聽過的 Taiwan 位於何處？為什麼有本事生產出品質精良的拳擊手套？於是在大學畢業後，Roger Samuelsson 專程從瑞典飛來台灣看看。

這趟旅行，讓 Roger Samuelsson 徹底愛上台灣，或許熱愛運動、喜歡自我挑戰的他，骨子裡流著勇於冒險的血液，當年不到 30 歲的他竟決定來台定居，並選擇以台灣為創業跳板。

雖然 Roger Samuelsson 在台灣毫無人脈資源、對這片土地也不熟悉，但憑藉著與生俱來的創業家靈魂及敏銳度，在 1989 年台灣經濟實力尚在醞釀的年代，他與夥伴 Martin Jelf 彷彿已經看見台灣在設計、研發與製造上的無限潛力。

從貿易起家到代工 跨足醫療器材高端領域

成立瑞健醫療 （SHL Medical）後，初期公司只有兩個人，先從小型的醫療器材貿易開始慢慢經營。漸漸地，接觸的醫材品項多了，對產業有更進一步了解，瑞健便開始投資塑膠射出成型機台，著手為客戶生產小型醫療器材。

身為瑞典人，Roger Samuelsson 對於產品的品質與精準度十分講究，光是塑膠射出成型的設備、機台，都不惜成本購入全球最頂尖的設備，加上公司採行西方化的管理與效率，讓瑞健短時間內就建立好口碑，許多知名藥廠都委請瑞健代工。

創辦人 Roger Samuelsson （圖取自瑞健官網）

1996 年，一家瑞典藥廠委託瑞健設計，製造可容納凍晶藥劑的注射裝置，於是瑞健的第一款注射器產品 PenInject 2.25 成功問世。有別於傳統針筒，PenInject 2.25 筆身設計優雅，也是業界第一個成功將針筒注射的藥物產品轉變為操作簡單的自動注射器的範例。

PenInject 2.25 推出後大受好評，讓瑞健對於自動化注射器的生產設計更具信心。2004 年，瑞健成立美國及瑞典設計中心，並於桃園蘆竹打造了生產基地，讓瑞健醫療如虎添翼，在藥物輸送裝置領域上更加發光發亮，在 2005 年，已躍升為全球知名的自動注射器領導製造商。

洞察需求 創新研發一舉成功

2006 年，瑞健研發設計的按鈕式擊發自動注射器 DAI® 上市。第一代 DAI® 是由美國一間跨國生物製藥公司委託製造，設計的出發點是希望能協助自體免疫疾病的患者在家進行皮下注射的過程更簡便順利，免除打針的恐懼感，並能取代傳統針筒裝注射劑或小藥瓶，更能施打精準劑量。DAI® 是一款預充填劑量的拋棄式注射器，採按鈕式擊發及隱藏式針頭，並做了安全針罩、避免針頭防誤傷的設計，僅需三步驟即可完成注射，整合了視覺、聽覺、觸覺等回應機制，患者只需單手就能操作。

　　在 DAI® 的研發過程中，瑞健同時也協助制訂了全球生物製劑自我注射療法的標準，更是集團的一大突破，而 DAI® 的創新設計更榮獲 2006 年台灣精品獎。DAI® 上市後大獲成功，讓瑞健一舉躍升為全球自動注射器的領導企業，即便時隔多年，自動注射器已有更為創新突破的進步，但 DAI® 依舊是最受歡迎的自動注射器之一；而 2010 年推出的 Molly® 自動注射器，更將設計繁複的注射筆推向規格化，利用模組化平台，節省成本和縮短藥廠的開發時間，Molly® 的創新技術適用於至少 17 款複合式注射器、涵蓋了至少 25 種臨床適應症。2020 年，第二代 Molly® 誕生，如今這項模組化技術已打破了傳統平台裝置的界限，將自動注射筆的研發設計推向另一個領域。

　　「瑞健在自動注射筆上的研發成果，帶動了產業的蓬勃，有了使用起來方便安全的自動注射器，免去患者往返醫院舟車勞頓之苦，在家就能自行注射，且隱藏式針頭大幅降低打針的恐懼，患者願意按時注射，因此近年來各大藥廠紛紛投入自動注射器的開發，全球知名藥廠幾乎都是瑞健長期合作的客戶，由台灣發跡的瑞健，儼然成為業界赫赫有名的知名品牌。」

每一支注射筆都蘊藏著瑞健的研發實力與用心。

來自馬來西亞的品質保證資深總監周國雙，有著豐富的海外歷練，她待過馬來西亞、新加坡的醫療器材商，2012 年正式加入瑞健團隊。「瑞健有著獨特的企業文化，一家外商在台灣深耕發展成為國際大廠，在西方的企業精神中恰如其分地融合了台灣文化，以及嚴謹內斂的研發量能，加上台灣的零組件供應鏈完善，品質及成本易於控管，因此瑞健選擇立足台灣，讓東西方的優點與強項發光發亮。」

連彈簧都自產的究極與堅持

周國雙更點出瑞健的成功關鍵：為了提升客戶的信賴感，瑞健不惜投資成本，建置一條龍的產線服務，每支注射筆從外觀的塑膠射出成型，到注射器裡的大小零件都絕不假他人之手。「為了讓零件 100% 自製，瑞健成立了模具製造中心，引進世界一流的設備，從全自動、半自動到手工設備一應俱全，甚至連注射筆裡的小彈簧都是從源頭購入材料、由瑞健的產線來製造。」周國雙說，從這點就能看出創辦人的執著與用心，畢竟，瑞健的客戶都是國際大藥廠，產品是幫助患者獲得健康的醫療器材，每次注射絕對不容許任何差錯，因此瑞健從產品研發、設計，到開模、組裝與測試、量產一手包辦，增加客戶的信賴度。

而台灣廠區總經理馮文宏的專長是機械工業，進入瑞健服務前，他在工研院機械所負責的是精密機械設計研發。在任職機械所時期，由於工研院是國家智庫，肩負提升產業量能的任務，研發實力一直走在業界之前，馮文宏說，某次因緣際會參訪瑞健，看到產線上清一色都是世界一流的射出成形機，他笑說這畫面根本是出國看機械展才會有的景象，讓人佩服瑞健為了生產出高階產品，願意投入鉅資，由於瑞健的經營理念與企圖心讓馮文宏十分激賞，於是決定成為瑞健的一份子。

馮文宏說，千萬別小看彈簧這類小零件，注射筆是否耐用、順手，彈

來自馬來西亞的品質保證資深總監周國雙，她認為瑞健融合了西方與台灣的優點，創造出專屬於瑞健的企業文化。

身為機械專才，台灣廠區總經理馮文宏認為瑞健斥資購入世界頂尖生產設備，造就企業競爭優勢。

簧是最關鍵零件之一。為了確實把關品質，瑞健自行進口原料、生產製造，運用量測儀器進行彈簧線張力和線徑粗度檢測，再透過製程品管系統，確認彈簧等微小零件皆符合標準，透過謹慎的態度與善用科技設備，確保每個裝進注射筆內的彈簧都具備穩定的精準度。

全球自動注射器龍頭在桃園

「我們提供了醫療器材業界很難達成的一條龍服務，雖然必須增加很多人力設備等成本，但這是必要的支出，唯有全製程內部製造，才能確保所有零組件都是最佳品質並能準時交貨。」

品質保證資深總監周國雙說，正因為瑞健時時謹記著身為醫療器材製造商所肩負的責任，十分講求環境整潔，一般的模具廠難免會在廠區內堆放物料，加上生產的品項多，不會只做醫療器材，因此機器也較難維持乾淨。「我們無法要求協力模具廠永保整齊，所以瑞健只好自己來，我們的模具產線隨時都是窗明几淨，無論何時到廠裡參觀，絕對都是一塵不染，這也是瑞健的堅持，產線的每個環節都維持醫療器材廠該有的水準。」

瑞健從產品研發、設計,到開模、組裝與測試、量產,都是一手包辦以確保卓越品質。(圖片瑞健提供)

　　因應醫療產業的變革,越來越多的藥廠在藥物設計研發階段,就選擇搭配自動注射器,更帶動瑞健的營收暢旺與茁壯,在 2004 年在桃園興建佔地 25,000 平方公尺、約 3 個足球場大的桃園一廠後,緊接著在南崁園區陸續打造 5 座工廠,隨著訂單需求增多,廠區不敷使用,2015 年選擇在桃園興建面積超過 63,000 平方公尺的六福新廠,並於 2019 年正式進駐啟用。六福廠除了是瑞健醫療的台灣總部外,廠區內有射出成型量產服務廠區及全自動化組裝與測試,大幅提升了瑞健的產能。

是最台的外商 也是最國際化的台商

　　從 1989 年創立迄今,瑞健醫療已壯大為全球員工人數達 5,000 人的國際企業,而台灣員工就佔了 6、7 成。企業溝通暨公共關係經理謝文婷說,人事部門曾做過統計,集團裡同仁的國籍將近 50 多種,真的是「聯合國」,而企業底蘊更與台灣文化恰如其分的融合,入境隨俗舉行尾牙、新廠動土會開工拜拜,集團也曾辦過中元普渡,許多外籍同仁都感到新鮮有趣,對台灣也有更深刻的了解。

　　仔細分析瑞健的成功心法，除了在產品研發上精益求精，由於服務對象皆為藥廠，每種藥品從研發注射藥劑、臨床實驗、申請主管機關藥證後才能進入量產，可能得經過 5 至 10 年的時間，這段期間隨著環境與製造技術的演變，對自動注射器的需求會隨時變動，而瑞健都能因應客戶所需，彈性調整設計與生產，這也是瑞健最關鍵的技術核心。

　　「瑞健產品依客戶需求，無論是強調獨特性採用客製化，或為了快速進入市場選擇模組化，瑞健都能配合。」台灣廠區總經理馮文宏補充，每支注射器在適用的劑量大小、黏稠度上都有其極限值，隨著生物製劑的藥品越來越多，蛋白質成分越高，注射筆需要不斷調整設計，如何讓每種成分的藥劑都能準確注入人體，讓針的深度能到正確位置、施打時藥劑輸送的流體力學、注入時的流暢度……對瑞健來說，這些都是核心的專利技術，環環相扣、缺一不可。

　　隨著醫學進步，瑞健的自動注射器行銷全球，然而在綠色永續、落實循環經濟的概念上，即便醫療器材的屬性特殊，以醫療需求及病患福祉為優先，較不受歐美將逐步課徵商品碳關稅的影響，也暫時不會強硬規定產品須採用回收原料的比例，但瑞健已著手規畫如何在醫療品質及患者權益中兼顧環保。「注射筆的原物料選擇友善地球、零汙染的來源，並且盡量使用共用模具，減少材料、模具及設計開發成本外，也建立標準化、模組化，讓注射筆的產品共用性放到最大，也是一種永續環保。」

超強敏銳度 避過新冠的衝擊

　　此外，2020 年 COVID-19 疫情肆虐，身為醫療產業一環的瑞健，有鑑於 2003 年經歷過 SARS 風暴，對疫病的反應很敏銳。

　　企業溝通暨公共關係經理謝文婷補充說明，瑞健早在 2019 年底就已

瑞健以台灣為據點，員工國籍多達 50 多種。（圖片瑞健提供）

聽聞有不明肺炎的病例正悄悄蔓延，當時以為是 SARS 將捲土重來，瑞健便及時通知供應商、迅速啟動應變機制，不只先盤點原料庫存、備妥用量，就連貨運都在掌握之內，率先通知客戶需提早敲定船班，因此能減少原物料短缺、貨運塞港、運價調漲等影響。

這場 COVID-19 疫情蔓延迄今尚無休止，在病毒的衝擊下全球經濟大受影響，但對醫療器材商而言，受惠於就醫習慣的改變及許多國家加速智慧及遠距醫療的推動，瑞健業績持續成長。

隨著 5G 網路及智慧型手機的普及，2021 年瑞健與合作夥伴 Innovation Zed 開發出可將傳統式筆型注射器升級為智慧型注射筆的解決方案，推出可重複使用的擴充配件──InsulCheck DOSE。「獨特的針

蓋在開啟注射時便啟動訊號，連結到手機或雲端，讓病患、家屬及醫師甚至保險公司都能掌握病患的用藥資訊，也可收集寶貴的醫療大數據，進一步整合分析，協助藥廠做為未來開發產品的設計參考。」

台灣廠區總經理馮文宏進一步說明，InsulCheck DOSE 可透過藍牙技術，自動將注射時間、劑量資料傳送到智慧手機的應用程式，而配件上的螢幕可顯示出前一次注射的時間，還能偵測周遭環境溫度，其特製針蓋可安裝在所有市售或正在研發的筆型注射器上，讓傳統注射筆都能升級成高科技智慧化產品。

回顧瑞健 30 多年來的發展軌跡，從兩個外國人決定來台打拼，以桃園為基地，一步一腳印逐漸打造傲視全球的醫療器材事業體，創辦人 Roger Samuelsson 曾在受訪時表示，之所以選擇台灣、立足桃園，是因為台灣有著獨特的地理優勢與卓越人才，還有政府的大力支持，讓瑞健可以在桃園這條跑道上安心起飛、航向國際，相信未來瑞健更能帶著深耕台灣、在寶島上吸收的能量，持續在醫療產業上成為傲視全球的頂尖企業。

瑞健小檔案

瑞健醫療（SHL Medical）成立於 1989 年，以台灣為據點，融合西方管理模式，成功在桃園打造具有國際水準的生產中心，目前已成為全球先進藥物輸送系統產業的領航者，在自動注射器、筆型注射器以及吸入器等產品上，提供全球客戶更多優質的醫療產品及工業設備需求。瑞健事業據點涵蓋瑞士、瑞典、美國及台灣，隨著智慧醫療的興起，瑞健也結合數位科技的注射器產品以符合市場趨勢。瑞健擁有經驗豐富的開發團隊，加上高效的生產能力，有效提供客戶全方位的解決方案。

WISDOM IN COMBAT

見樹見林

從小處窺見大局，在市場尚未成熟前就戰鬥位置！

碩陽電機股份有限公司

元成機械股份有限公司

致勝法則 **2** 見樹見林

轉動量能
激發傳產新實力

碩陽電機股份有限公司

位於桃園的碩陽電機，靠著卓越的馬達研發技術與傑出的傳動系統，在全球電動代步車等行動輔具馬達市場中拿下 4 成市占率，即使在疫情肆虐、經濟飽受衝擊之時，仍衝出年營收 6 億元的亮麗成績……

全球人口邁向高齡化加深了對電動輪椅等行動輔具的需求，每一台輔具的作動都仰賴關鍵零件——馬達。一顆用於醫療相關器材的馬達，更須提升耐用度及信賴度。位於桃園大江工業區的碩陽電機，2002 年創業以來，靠著卓越的馬達研發與傑出的傳動系統，在全球電動輪椅、電動代步車等行動輔具馬達市場中拿下 4 成市占率，即使在全球受到新冠疫情肆虐、經濟飽受衝擊之時，仍衝出年營收 6 億元的亮麗成績，並計畫於 2022 年上櫃。碩陽如何寫下這頁傳奇？董事長林明昌是其中的靈魂人物，他不是啣著金湯匙出生的貴公子，而是在嘉義朴子農村裡練就出「製程管理」的本事。

在農村裡練出經營管理天分

林明昌是家中長子，從小懂事機伶，父母忙著農事，他肩負起兄長的責任，每天一大清早從餵牛、清牛糞、養雞鴨、燒柴火開始忙起，除了做不完家務，還要照料三個弟弟的生活起居、教他們寫作業。在這樣的環境下也造就了林明昌懂得分配時間與管理。「一早先打掃環境、餵好牲畜後，用稻草、甘蔗葉綑成的燃料燒柴火，接著讓弟弟顧火，我再去忙下一件事。」林明昌笑說，就連上學，他也能利用下課時間跑回家幫煮好飯，再趕回學校上課。

日後回想起來，或許正是這段任勞任怨的童年歲月，讓林明昌培養出過人的管理整合、解決問題的能力，也奠定了成就事業的人格特質。

隨著年歲漸長，林明昌萌生去高雄求學的念頭。就讀高雄師大附中時，在校成績本不突出的他，跟成績好的同學借筆記「臨時抱佛腳」，沒想到短時間便迎頭趕上，順利考進中原大學工業工程系。「當時有機會錄取台大化學系，但我覺得唯有創業才能改善家計，因此選擇就讀跟經營有關的科系。」

　　退伍後，林明昌找到北部的工作，爸爸拿了一萬元給他當盤纏，原以為夠用，沒想到這一萬元扣掉車資、房租及押金 2 個月，林明昌身上只剩 500 元。「買不起棉被、枕頭，要用這 500 元撐一個月。所幸當時我已經找到東元電機的工作，午餐吃員工餐廳，晚上就不吃，如此省吃儉用終於撐到領第一份薪水。」

立定創業志向 職場中吸納精髓

　　林明昌從月薪兩萬多塊的廠長助理開始做起，其實當年的他，有機會進入薪水較多的外商擔任工程師、企劃專員等職務，但他卻堅持從助理做起。因為一心想創業的他，為自己設定了目標。

　　「我要在十年內換三種工作：一是進入大公司，跟在廠長或董事長身邊學習管理並磨練人際關係；第二，進入缺乏制度的小公司找出問題並嘗試給予協助；第三，進入大企業實際管理部門，印證自己的能力。」

　　林明昌第一份工作是擔任東元電機一廠吳基忠廠長的助理，吳廠長是出了名的嚴厲，罵人不假辭色，剛退伍的林明昌戰戰兢兢，即便每天壓力大到不想上班，但他仍咬緊牙關撐下去。林明昌在吳廠長身邊學習了四年，獲益良多，不僅看懂財報、建立成本概念，對管理經營更奠下正確觀念及深厚基礎，吳廠長可說是創業路上最重要的貴人。

　　後來當吳廠長高升，林明昌也依照原定計畫，離開東元這家世界前五大的電機公司，來到新莊一家員工只有 25 人的沖壓機工廠擔任協理。「這家開業 18 年的工廠，營收一直維持在 8000 萬元，無法突破，我第一天到職旋即定下營收破億的目標，花了一個禮拜的時間在電腦前撰寫組織規劃、重整工作流程。」當年還不到 30 歲的林明昌，承受著老闆的不信任及同仁反彈，但他憑藉著對經營的敏銳度，經過他的整頓，果然讓營收破

位於中壢大江工業區的碩陽電機總部。

億,更協助公司與鴻海搭上線。「當年鴻海龍華廠生產的電腦外殼都採用我們的沖壓設備,因此我逐步上修營收目標,在兩年多就讓公司營業額一舉成長到一億七千萬,並開拓了 10 個國外市場,讓工廠成為台灣最大的沖壓送料機大廠,更讓老闆在新莊輔大附近購入 1200 坪的廠房。」

挽救小廠營收 整頓大廠部門

林明昌讓公司業績蒸蒸日上,但老闆生性保守加上又是家族企業,很難繼續擴張,而命運似乎也帶著林明昌依照自己所訂下的職涯規劃,繼續前進。

　　不久，東元精電招攬他回鍋擔任品保經理，第一件任務就是改良目前高達 99% 的不良率！他找出製程變更的必要性、提出品質改善計畫，在一周內就順利降低不良率；緊接著帶領部門準備取得 ISO 認證，與此同時又被派去支援馬達事業部開拓業務，在六個月內想出辦法，將毛利率 -6% 的窘境轉虧為盈，變成 14% ！林明昌再次打下美好的一仗，然就在此時，因公司要求他派駐中國，與自身的人生規畫不符，林明昌只好選擇掛冠求去。

　　或許，這就是命運的安排，是林明昌創業的契機到了。

　　林明昌離職後，在某次與老同事聚會場合中，酒酣之際暢談起創業理想後，竟讓 8 位老同事及協力廠商毅然決定與林明昌一同攜手打天下！

　　2002 年，碩陽電機在桃園大竹一處僅有 80 坪的鐵皮工廠成立，選擇投入最熟悉的馬達市場。8 位合夥人每人出資 50 萬，湊了 400 萬，由林明昌負責公司營運。創立初期的碩陽沒知名度也沒人脈，更沒有幾張訂單，加上供應商要求付現，銀行也不太願意借錢讓碩陽添購設備，公司開沒多久，扣掉廠租、設備與材料後，戶頭剩下 50 萬，但訂單還不知道在哪。

一創業即遇瓶頸 卻靠釣魚點破迷思

　　創業果然是步步維艱，即便是有著經管天賦的林明昌，也感到業務拓展難度高。所幸不久後貴人出現，位於台中、專營行動運具的維順公司因為供應商交期與品質出問題，轉而向碩陽訂了上萬台馬達。這令人振奮的機會讓碩陽上上下下動了起來，但開心沒多久，第一批交貨的 300 台馬達竟全數被退回。

　　林明昌百思不得其解，這 300 台馬達的品質跟維順原供應商一模一樣啊，為什麼會退貨。然而，維順總經理一句話，猶如給林明昌一記當頭棒喝！

「你們做的和別人一樣，那我選原來的供應商就好了啊！」

這句話令林明昌茅塞頓開，下定決心和研發同仁埋首研究。但要讓產品優於競品，談何容易！林明昌苦思許久卻想不出該從何改進，沒想到和研發經理相約釣魚時意外啟發靈感。「魚上勾時會拉扯釣線、引起共振，如同業界的馬達產品總會有的共振音，碩陽應該跳脫侷限，避開以模具鑽洞產生共頻的問題，調整馬達結構設計，讓電動輔具在轉彎時不再發出刺耳的轟轟聲。」

改善問題後，碩陽的降噪馬達讓維順極為滿意，甚至邀請碩陽一同赴美參展。當時，維順的電動代步車正努力開發美國市場，採用碩陽馬達的新品一展出，立刻驚豔全場，因為馬達在轉彎時的噪音向來是馬達廠無法解決的窠臼，沒想到一家名不見經傳的台灣小馬達廠居然做到了！此行不僅讓台灣維順迅速拓展美國市場，各界也開始打聽生產馬達的碩陽，究竟是何來歷，而台灣各大電動代步車廠也因應國外大廠要求，找上碩陽生產馬達。

這趟美國行讓林明昌滿載而歸，年營業額從 8 百多萬，翻倍躍升至近 7 千萬，產能近乎滿載，就此打響名號，而因應訂單需求，產線也從一條擴增為兩條，但當時公司規模仍小，合夥人一個個「校長兼撞鐘」，不分你我一起投入組裝工作。而林明昌也發揮自身所學及過去十年在業界的歷練，運用標準化改善製程，落實精實管理以提升產線效能，迅速讓碩陽在電動代步運具的馬達市場上輪轉起來。「自 2002 年創業迄今，台灣的電動代步車廠，已經有 9 成都是我們的客戶。」

見樹見林 從細節看出大格局

分析碩陽能在數年內就成功搶占電動代步車馬達市場的原因，林明昌

滿滿的獎座及國際認證，是碩陽
在管理上交出的亮眼成就。

庄腳囝仔白手起家，林明昌有說不完的精采故事。

的深謀遠慮及前瞻布局是致勝關鍵之一，從細微出看見大格局，找出利基點。

　　林明昌說，碩陽創立後就決定避開需投入龐大資源、競爭激烈的工業馬達，鎖定客製化的電動代步車與輪椅產業，不僅專注於馬達的研發生產，也投注心力整合產業需求。電動代步車要能平穩行駛、還要具備讓人安心的續航力，因此不光是馬達要好，還必須有卓越的控制器、傳動系統，就連輪胎與電池也要具備一定水準，才能讓電動代步車發揮更好的效能。而台灣廠商向來保守，總是以單一規格量產，而林明昌看見機會，碩陽除了在馬達領域上展現專業，更率先提出整體零配件改善方式，聆聽客戶的需求，開發出系列化、多樣化的零組件，做出多元的搭配組合以滿足客戶需求，用完整且全方位的解決方案，給客戶更貼心的服務，發展了全新的商業模式，走出屬於碩陽的康莊大道，甚至讓原本沒把亞洲廠商看在眼裡的歐美客戶改觀！

碩陽團隊充滿活力,如家庭般的和諧氣氛也能提升工作效率。

　　德國車廠 OTTOBOCK 曾評論台灣沒有一家電動代步車廠及馬達廠能符合要求,直到來台灣參觀碩陽,OTTOBOCK 代表這才驚覺,原來碩陽正是瑞士馬達大廠 MICROMOTOR 長期合作的代工廠,而 MICROMOTOR 的馬達就是交貨給 OTTOBOCK!顯見碩陽專業技術早已媲美歐美頂尖規格,甚至超越歐美大廠品質。從此以後,OTTOBOCK 的馬達、減速機都是由碩陽代工生產,就連維順也跟著成為 OTTOBOCK 的代工車廠,就此拓展歐洲市場,更從海外紅回國內。

四個十年計畫 擘劃藍圖步步行

　　2002 年創業的碩陽,短短 20 年已經站穩全球電動代步車用馬達市場霸主地位,不僅是電機馬達產業的隱形冠軍,更是台灣的驕傲。而在善於規畫整合的林明昌心中,早已為碩陽描繪了「四個十年」的藍圖,他經常一一檢視碩陽做得夠不夠、是否已經達到既定目標、還需要補強哪些弱點,

透過不斷的分析與修正，確定碩陽走在正確的方向上。

「第一個十年是『產品的碩陽』，該研發何種產品？關係到公司未來的發展。碩陽積極投入馬達產業，從有刷馬達、無刷馬達延伸到伺服馬達等產品，都在十年內研發完成並順利搶占市場。」

走過最艱辛的第一個十年後，而第二個十年則是邁入「管理的碩陽」。「我們引進 ERP 系統、推動智慧化、無紙化作業也提升資安，並通過 ISO 9001、14001，取得 CE、Reach、RoHS、UL 等多項認證；在此階段也積極爭取各大獎項的肯定如國家磐石獎、玉山獎、創業楷模獎、小巨人獎，連續七年拿下鄧白氏獎；連續兩年獲得卓越經營品質二星獎、潛力中堅企業獎、2022 年台灣精品獎、桃園市隱形冠軍獎等，讓碩陽的努力受到鼓舞。」

如今，碩陽已進入第三個十年「科技的碩陽」。林明昌腦中的計畫生動而鮮明，他侃侃而談。「這階段的碩陽不再只做馬達、傳動系統，更跨入科技領域。我們已成功踏入 AGV（無人搬運車 Automated Guided Vehicle，簡稱 AGV）領域，將生產耐用可靠的產品以滿足 AGV 系統的各種市場需求，目前台灣五大 AGV 廠商都跟碩陽接洽，而去年推出的第二代 AGV 動力模組也成為提升營業額的新利器。」另外，碩陽也開始投入特殊車輛的研發，加入經濟部「A⁺ 企業創新研究淬鍊計畫」與工研院合作開發的電動掃街車，此為台灣首部國產化無人自動掃街車。「要讓重達 2.7 噸的電動掃街車順利運行，這已經跳脫生產行動代步車的領域了，要兼顧馬達、傳動系統，更重要的是電池管理系統、影像管理系統（VMS）與 VCU（VehicleControl Unit，整車控制器）也都不可馬虎，碩陽開始步入科技領域，預計 2022 年底上路的電動掃街車便是最佳驗證。」

而在林明昌的藍圖中，第四個十年則是「綜效的碩陽」。林明昌認為這階段的 AGV 發展已更加成熟、應用將會更廣泛，而碩陽除了要將 AGV

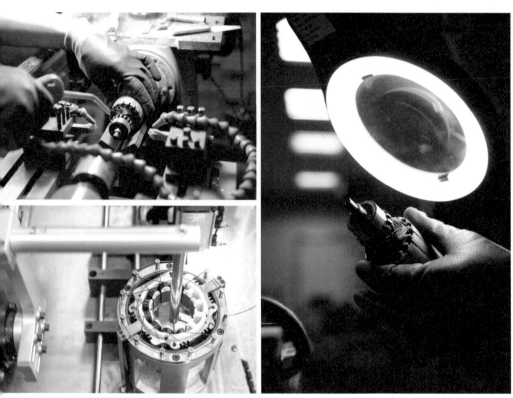

每一顆馬達、傳動零組件，都是轉動能量、帶領方向的魔法師，在碩陽的產線上細心製造，讓客戶安心與信賴。

做極大化的應用，也將投入工廠自動化的領域，善用物聯網做 IOT 的整合。此外，碩陽也將走向財務槓桿化、策略聯盟化，將產品鏈做垂直與水平整合，並持續拓建國際生產與銷售基地，讓碩陽上市，透過資本市場讓碩陽的企業藍圖更宏觀，徹底達成「綜效」的願景。

碩陽的「四個十年」計畫，是林明昌在 2002 年創立碩陽三年後，於 2005 年就立下的宏願，而他更按步就班、穩紮穩打地朝著願景邁進，如今看來更印證了林明昌的確具備睿智敏銳的經營天分。

2002 年，碩陽在桃園大竹 80 坪鐵皮屋裡誕生，2012 年搬遷至中壢廠區，而興建中的二廠將打造成 AGV 科技廠區，達成十年就蓋一座新廠、業績每年以億元成長的目標。碩陽交出傲人成績，顯見林明昌深具遠見的領導力。

回首 2002 年迄今的創業路，碩陽每一步都走得踏實、穩健，林明昌付出的心血功不可沒，他就像個善盡職責的總舵手，時時留意國際脈動，即使在疫情風暴下、萬物齊漲的風險中，碩陽能及時購足所需物資，避開原物料短缺或斷鏈帶來的衝擊；而在國際間逐漸重視環保永續議題中，碩陽也不落人後，所研發製造之高壓 IEC 永磁同步電機馬達效率達到 IE4 等級，性能媲美歐美大廠，協助客戶做到節能高效，且在廠區內也落實 ESG 的盤點與布局，讓製程更符合國際環保標準。

在碩陽位於中壢大江工業區的總部大門旁，兩棵昂揚而立的樟樹下有座土地公廟，是碩陽的鎮廠之寶。廟門上有林明昌親題的對聯：「碩業鴻圖福同享，陽名國際德稱頌」，這句話也是碩陽的經營宗旨與信念。林明昌感性地說，期許碩陽能像無私的太陽般，時時照亮每個人，產品更能帶給人們積極的傳動力與正能量。

碩陽小檔案

創立於 2002 年的碩陽電機為專業直流馬達製造廠，從事於精密馬達、醫療用馬達等傳動系統設計及製造。行銷全球超過 40 個國家，並建立歐、美、澳、瑞、韓、印度等行銷據點，目前產品有直流有刷馬達、直流無刷馬達、電動腳踏車專用馬達、伺服馬達、驅動控制系統、磁阻馬達等節能高效率馬達。碩陽電機以「最快服務效率、達顧客最高滿意」為目標理念，透過最佳夥伴方式，提供客戶最優秀的產品及服務，讓客戶產品具競爭優勢。

食藥產業 堅實後盾

元成機械股份有限公司

一顆小藥丸裡藏有多少學問？除了藥廠致力研發讓藥物能緩解症狀，就連藥物該用什麼形態呈現，是錠劑、顆粒、粉末還是膠囊？每個細節都不能馬虎，因此，藥廠所仰賴的製藥機器更是重中之重！不說您可能不知道，許多人人耳熟的國際級大藥廠，都仰賴來自台灣的元成機械所生產研發的製藥設備……

　　吃進體內的藥物是治病的、保健食品是預防治療的，如何讓每種藥物都能發揮藥效？在製藥環節中是一大挑戰。不說您可能不知道，人人耳熟能詳的世界級藥廠像是輝瑞、賽諾菲、默沙東、三共、武田、樂敦、田邊……等，工廠裡幾乎都能看見來自台灣的元成機械所生產研發的製藥設備，產品行銷全球 60 餘國，就連非洲、阿爾及利亞、中東、約旦、沙烏地阿拉伯、巴勒斯坦……等地都有元成的客戶。

　　「一顆善存綜合維他命裡就含有幾十種微量成分，所以在製藥時，光秤量就必須極為精細、絲毫不差，混合造粒過程要很均勻，而每顆藥片的膜衣包覆的厚薄必須一致，以維持品質；另外，還有緩釋長效型藥物，包覆在膜衣中的主藥效成分必須在 24 小時內緩慢釋出固定劑量，因此包衣太快、太慢溶解都不行，每顆吞下肚的藥都要在適當時候釋放出主要成分，品質不能有任何疏漏。」元成機械董事長劉清三補充道。

　　比起一般工業用機器，製藥設備對品質及良率的要求更加嚴格，如今的元成機械是叱吒食藥界的生產設備大廠，然而，在 56 年前，元成是從社子島的家庭工廠發跡，歷經超過半世紀的奮鬥打拼，與夥伴胼手胝足，一同為台灣製藥界打下美好的市場。

　　創辦人劉清三站在位於桃園華亞科技園區的總公司一樓沿革歷史牆前，端詳這一路走來的點點滴滴，臉上漾起笑容，對於每個細節，他如數家珍，對每台機器的原理、如何為客戶解決問題，即便時隔多年他仍記憶猶新。

位於桃園市華亞科學園區的元成機械總部，占地 2000 餘坪，除了完整的生產線外，還有全國首屈一指的食藥設備實驗室。

牆上掛滿了各國商界貴賓到元成參訪的照片，劉清三如數家珍，對客戶的需求與喜好都銘記在心。

農家子弟　練就堅毅耐勞的個性

出生於佃農人家的劉清三，清苦的童年讓他練就堅毅耐勞的個性，自小就半工半讀、分擔家計，高工就讀機械科的他，24歲退伍後便進入一家機械廠工作。「到職第一天，我就扛了400包隔熱用的玻璃棉。做粗活不打緊，最難忍受的是被玻璃纖維弄得全身發癢，很痛苦。」劉清三說，即使第一天上工就吃盡苦頭，但他沒打退堂鼓。接下來被分派到的工作是，必須從堆積如山的混雜螺絲中，依大小分類、挑選不同的規格的螺絲，他也咬緊牙關撐下來，熬過後才開始接觸到焊接、配電，再學了3個月的製圖，勤奮的他還兼跑業務，並為公司談到了實驗室儀器的訂單，像是滅菌器、高溫爐、真空乾燥機等，而這也串起了劉清三與製藥設備的不解之緣。

劉清三認真努力的出色表現，讓他在一年之內便升為廠長，但卻在此時，公司因老闆財務週轉不靈而以倒閉收場。

因緣際會　一腳踏上創業之路

老天關上一扇窗，就會開啟一道門。劉清三優異的工作能力深獲藥廠

客戶信賴，紛紛鼓勵他出來創業，但他資金有限，所幸有岳母跟太太的支持，籌措了 7 萬元，再和兩位同事合資，湊出 20 萬元在三重開了「聯發裕」。萬事起頭難，合資的兩位同事一位因擔心工廠做不起來，選擇在別處上班「當備胎」，另一位則沉迷棒球與麻將，所有工作都落在劉清三手上，他扛起創業初期的龐大壓力，從業務、製圖、設計機器甚至連收帳，都一手包辦，憑藉著認真肯學的精神，接觸的客戶層級越來越高，好不容易做出一點成績，但又面臨股東意見分歧，聯發裕也走向收攤的命運。

然而，劉清三並未被挫敗擊倒。1967 年他第二次創業，在社子島創立「元成機械公司」，從員工只有 8 人的家庭工廠開始做起，把 45 坪的小工廠隔出辦公室，再弄出一層小閣樓，這裡就是劉清三一家 7 口蝸居的地方。白天，劉清三與員工在機械、金屬、電路中埋首苦幹，還得騎摩托車到處拜訪客戶，晚上他化身奶爸，體貼地幫太太分擔家事，幫孩子們洗澡、一個個從閣樓抱到一樓上過廁所，再抱上樓就寢。

日子雖忙碌艱苦，但劉清三甘之如飴，從家庭工廠慢慢做出成績，逐漸奠定出在製藥界的好名聲。6、70 年代，國際藥廠紛紛來台灣設立據點，像武田、東洋、大正等，甚至連嬌生、輝瑞、必治妥都來台設廠。所謂知己知彼、百戰百勝，好學的劉清三研究起德國、日本的機器，甚至去台北後火車站、赤峰街等「廢鐵街」購買拆船零件，用克難的方式開發出像是

深耕食藥設備超過半世紀的劉清三董事長，說起製藥的知識及原理，他隨時都能侃侃而談，因為這些專業早已經寫進他的血液裡，是他此生的職志。

溫度計、加熱器、減速器等設備。然而，當年的台灣工業剛起步，常常連電磁開關、電熱器都要自行加工，用三孔磁器固定才不致漏電，等於是從小零件組合出機器，中間的考驗多如牛毛，不過劉清三不以為苦，憑藉著扎實的機械設計底蘊，加上研發創意，逐漸有了自己的獨門心法。

自產設備 外銷印尼轟動市場

1969 年，元成第一台自產設備「快速乾燥機」成功問世，銷往印尼並造成業界轟動。「以往箱型乾燥機需時 16 個小時才能將顆粒烘乾，而元成研發的快速乾燥機，能將製程縮短為 40 分鐘！」

劉清三說，之所以能大幅縮短烘乾時間，正是因為元成「見樹見林」的卓越洞悉力。以前的乾燥機是將顆粒平鋪在盤面上送進機器，熱源從上層傳導，但在底下那面還是濕的！而元成的設備能讓顆粒「浮動起來」，360 度轉動讓每一面都能與熱風接觸，乾燥面積大效率當然快很多！這台快速乾燥機大熱銷，光是國內就賣了 60 幾台，由於機器應用廣泛，從製藥到食品業皆可派上用場，立刻引起國外客戶爭相採購。隨著業績蒸蒸日上，創業第 5 年，元成規模逐漸擴大，搬遷至泰山廠房，員工也增加到 40 人。然而追尋極致、要求完美的個性，讓劉清三未曾停下持續精進的腳步。

台灣建立 GMP 制度是在 1984 年，其實早在台灣推動 GMP 制度之前，元成已經累積了實務經驗。

當時，日本武田製藥將在台設立第一間 GMP 藥廠，派駐台灣的代表吉田耕三接觸的台灣廠商，都無法配合 GMP 的嚴格要求，唯有元成不計成本積極爭取，不斷修改設計圖，終於成為符合武田製藥要求的設備廠，也為台灣建立了第一套 GMP 設備，順利讓元成奠下了世界級標準與成就，而劉清三不屈不撓的奮戰精神，更在吉田耕三心中留下深刻印象，多年後他擔任元成的日籍顧問，為公司導入日式管理精髓，更引薦許多日籍專家

交流、提升技術，使元成逐漸從販售單一機器，練就出有能力提供整廠產線設備的一條龍服務。

多元產品 比客戶想得更遠

闖出名號的元成機械，即便產品熱銷全球，但劉清三依舊選擇持續創新。他深知公司業績要長紅，就要比客戶更懂得需求，腦筋動得很快的他，每年編列研發預算從不手軟，就是為了要在客戶提出需求之前就推出新產品。

元成出色的機械設備不勝枚舉，像是成功研發出雷射打孔機，提升國內長效劑型產品的生產效能；自動片劑檢查機則可提供藥廠做片劑自動檢查，提昇品質管理；雲端磨粉機則能在低溫環境下操作，確保產品品質及風味；新型可換鍋膜衣機則標榜大、中、小批量皆可使用，大幅節省廠區空間，無論薄膜包衣、腸溶包衣、釋控包衣及糖衣皆適用；單一鍋造粒乾燥機則是在一台機器中做到混合、造粒、乾燥、整粒四合一的功能，近期更和美國 Enwave Optronics Inc. 合作推動國內 PAT（Process Analytical Technology）製程分析技術，為客戶提高生產分析的技術。

隨著元成的業績拓展迅速，原先泰山廠區已不敷使用，2006 年決定深耕桃園，在華亞科技園區擴大營運，遷廠過程中獲得桃園市工業會的大力協助，秘書長鍾楨豐先生、副祕書長李卉儀小姐及主任賀健中先生多次親訪，協助辦理人才培訓、職業安全衛生證照及 KPI 訓練諮詢等服務，也在廠內安排安衛教育訓練，協助元成取得勞安執照，順利到藥廠進行安裝。

桃園廠區面積 2000 餘坪，除了設備生產線、組立空間及研發空間等，還建置了固形製劑、萃取濃縮、磨粉實驗室，不僅供客戶試機，也提供給國內藥學院學生申請見習之用。「讓學生在求學階段熟悉最先進的製藥設備，不僅能了解產業需求，對於製藥生產原理更有概念，是學以致用的最好機會。」

投資巨資　取得 TUV SUD ATEX 防爆認證

此外，提升設備安全層級，是元成更在乎的事，尤其是製藥過程中使用有機溶劑，加上造粒及乾燥過程，也會產生粉塵，稍不留心就有可能致災。有鑑於國人對防爆裝置的重視較為欠缺，導致近年來發生多起工安事件，元成認為，身為機械製造領頭羊，有責任提升設備防爆等級。元成所生產的設備一直用最嚴謹的標準自我規範，多重防護設計也能杜絕塵爆發生，但劉清三認為產品安全不能是自說自話，有國際公信單位的認證，才是王道。

為提高元成所生產的流動層造粒乾燥機（Fluid Bed Dryer Granulator）的安全性與國際水準，特別委請歐盟合法認證機構 TÜV 南德意志集團，輔導元成取得防爆指令執行的認證。

「要拿下這張製藥設備的 TÜV SÜD ATEX 防爆認證可不容易，我們特別打造出一台機器，從安全控制、調試設備，到保護性零件、設備與系統等，都須遵循 ATEX 的指令，所採用的各項零件皆所費不貲，光是機器上的歐洲進口防爆閥，每個就要價上百萬，期間還需安排德國專家多次來台廠評，這部分也需花費上百萬，總投資金額將近千萬。」

經過兩年的專家評估，元成終於獲得亞洲區第一家的流動層造粒機 TÜV SÜD ATEX 防爆認證，這是元成的榮耀，更是台灣之光。

「投入成本獲得認證是值得的！元成取得防爆認證後不久，便順利拿下韓國訂單。」劉清三説，韓國的製藥設備向來是元成最大的競爭對手，而這家韓國客戶看到元成取得 TÜV SÜD ATEX 防爆認證，即便台商在韓國沒有免稅優勢，也寧願負擔 8% 的稅金跟元成採購。「在價格上沒有競爭力，我們是價值競爭。」

元成機械的業務團隊實力堅強，服務範圍遍及全球，員工外語能力一流，英文、日文、韓文、泰文都難不倒，甚至連西班牙文的語言專才都有。

毫不藏私 與客戶分享生產技術

誠如元成經營理念所言：「YENCHEN：YOUR SATISIFICATION WE CARE（客戶的滿意是我們最在意的）」，元成不光是把設備賣給客戶，更希望能將生產工藝（製程）與客戶交流，讓客戶的產能如虎添翼。因此元成售出的不只是好設備，更樂意分享經驗與技術，協助客戶達成需求並提高品質及實力。

「有一次，韓國 LG 製藥欲採購 4 台 200KG 的流動造粒乾燥機生產益生菌，在日本、中國、韓國各地尋訪，最後代理商來台灣請元成協助。我們擁有豐富的乳酸菌製造的技術，一聽見韓方製藥師指定乾燥溫度為 60℃，深知這溫度勢必影響益生菌存活度，我便建議用 48℃ 去製造。然而，要在低溫下進行造粒乾燥技術，難度提升許多，韓方半信半疑，但我對自身產品極具信心，並願意以 60℃、48℃ 兩種溫度去測試，果不其然，測試結果出爐，元成設備生產的活菌率最高。」

此外，上海藥廠在緩釋控制藥物劑量（Release Controlled Drug Dosage）的關鍵 coating 技術上，現在可說是中國數一數二的大廠。在 20 多年前，這家藥廠剛研發該領域時，就採用元成的設備，研發成功後進入量產後，就採購當地生產的設備，但 coating 卻不均勻，品質無法達到

客戶要求，coating 後膜衣的重量誤差在 ±10% 內。為了找到有效改善 coating 均勻度，重新找元成來生產，寄了 400 公斤的樣品來台灣，並派 4 位技術人員來台一起參加投料測試與了解設備性能，經過幾批膜衣及詳細分析，coating 均勻度符合要求，各項性能也很滿意，技術人員回上海後，藥廠很快就向元成下單且隔年再繼續購買設備。

從上述兩個例子可以看出，元成不但能提供品質值得信賴的優良設備，更不藏私地傳授技術，大幅提高客戶的製造技術及品質，更強化客戶對元成的黏著度。

臨危受命　總為客戶解決難題

元成不僅凡事站在客戶立場想，劉清三舉一反三、超高效率的靈活思維，也是產品總能讓大客戶心服口服的最大優勢。

約在 10 多年前，日本大塚製藥需緊急採購機器，日方配合的設備廠趕不及，代理商便趕忙聯繫劉清三飛一趟日本。其中大塚需要流動造粒還能製做球型的設備，是元成從未做過的，加上需迴避專利、改規格，難度甚高。「當天，我飛抵日本已是下午 4 點半了，日方先帶我去參訪二手的設備廠，接著安排與大塚製藥餐敘，回到飯店已將近深夜 10 點，我連夜在紙上畫出設計草圖，隔天立刻與客戶討論，我的設計圖讓大塚製藥極為滿意，自然也順利拿到案子。」

元成生產的設備有不少是「龐然大物」，更有許多訂單是整廠設備，從下訂到交貨動輒數月，為此，元成建置了全台灣第一家實驗室，提供客戶小批量測試，此外，外銷占比達 7 成的元成，客戶多半來自世界各地，元成特地提供了 FAT（factory acceptance test，工廠驗收測試），在廠區內備有蒸氣鍋爐、壓縮空氣，冰水等，製程所需能源一應具全，讓遠

元成機械設有專業的片劑、微丸、 萃取濃縮實驗室及小型設備，提供客戶使用以增加對設備的瞭解、性能的測試和產品開發的平台，深受業界與學術機構的好評。

道而來的外國客戶在設備交貨前進行 FAT。「輝瑞大藥廠沙烏地阿拉伯廠區的員工，就大老遠飛來桃園，所有的機器讓他們試到滿意為止，交貨後輝瑞所回饋的滿意度調查，給了元成 100 分的評價，之後輝瑞更陸續採購了 40 餘台的設備。」

　　客戶不僅能在廠區內驗收測試，元成更把每位代理都當成「換帖兄弟」般照顧，甚至安排代理商的第二代接班人來台受訓，像是印尼、孟加拉、巴基斯坦、馬來西亞、泰國、約旦、緬甸、香港、薩爾瓦多及韓國等企業二代都在台灣一待就超過 1、2 個月，有些甚至住在劉清三的家裡，顯見與客戶深厚的夥伴關係，絕不是說說而已。

立足桃園　立定志向進軍全球

　　2016 年 5 月 20 日，在元成機械 50 周年慶，當天為總統就職典禮，桃園市長鄭文燦特別安排時任副市長王明德前來參與盛會，一同種下意義非凡的銀杏樹。銀杏樹又名公孫樹，有著世代傳承、永續經營的意涵，也象徵元成機械下一個 50 年更加茁壯蓬勃。另外，當天也邀請長期合作的產官學界共襄盛舉，出席的有無菌製劑協會、食研所、藥劑中心、金屬中

心等，國內許多上市櫃藥廠客戶、代理商亦共同參與，彰顯出產業共榮共好的願景。

2019 年 8 月，桃園市長鄭文燦再次率領市府團隊參訪，看到元成機械團隊在智能機械的研發表現，對機械設備關鍵程式技術的掌控及產品銷售服務差異化的競爭優勢，讚嘆不已，市長更期許元成機械有朝一日，能躍昇為台灣食藥機械設備的領頭羊。

劉清三很感謝產官學研對元成的厚愛與肯定，元成會秉持著累積半世紀的創新實力與研發動能，不斷推陳出新。元成的產品不僅用於食藥界，近期就連電動車產業也採用元成的設備，像是全球第五大生產銅箔的長春石化使用的混合機、造粒機都購自元成機械，是正港的「跨業連結、強強聯手」，相信更能帶領台灣團隊邁向國際、迎接新紀元的新挑戰。

TIPS 元成機械小檔案

元成機械創立於 1967 年，位於環境優美，管理完善的桃園華亞科學園區，是台灣最具規模的生技製藥設備供應商。設備廣泛運用在：製藥、食品、生物科技。產品包括：片劑製程設備、釋控微丸設備、萃取濃縮設備、口服液設備、針劑設備、軟膏生產設備等。

元成有超過 50 年的專業設計與生產技術，產品行銷世界 60 餘國、遍及歐美、日韓、俄羅斯、紐澳、中東、南亞、東南亞，在全球製藥企業 20 強中，有多家採用元成的設備，如輝瑞、亞培，默克、諾華、GSK、百靈佳、武田、衛材等。元成在中國昆山設有子公司，提供中國市場的服務。

元成機械設有專業的片劑、微丸、萃取濃縮實驗室及小型設備，提供客戶使用以增加對設備的瞭解、性能的測試和產品開發的平台，深受業界與學術機構的好評。元成秉持專業的研發團隊，提供優質的生技製藥設備及服務，開拓全球市場，創造合理的利潤，增進健康快樂，成為顧客最信任的策略夥伴。

WISDOM IN COMBAT

3

解構難題

用科技化解難題,從創新服務出發吸引客戶目光!

耿豪企業股份有限公司

濾能股份有限公司

致勝法則 **3** 解構難題

服務創新 迎戰新常態

耿豪企業股份有限公司

重電事業是國家能源發展及各種產業的基礎，肩負著發電、輸供電、配電的重任，而在電力系統當中，又以「配電盤」扮演最關鍵的角色。廠房位於桃園市觀音區的耿豪企業，正是一家專營配電盤及相關設備的公司，創業至今超過 33 年，以底蘊深厚的核心技術走出差異化特色，成為許多知名企業指名的配合廠商！

配電盤 隱身在生活中看不見的地方

　　路過發電廠、行經工業區、走進商辦大樓，一般民眾看見的只有建築物的外觀，若沒有特別留意，或許不太會發現「配電盤」的存在，甚至連這個名稱都沒聽過。其實在發電、輸電、供電等各個環節中，從各型發電廠、變電所、工業廠房到一般住宅用戶，配電盤都是不可或缺的產品，可說是電力系統的心臟。以住宅大樓來說，配電盤通常隱藏在變電室、壁牆內外、管道間、地下室或閣樓，以求美觀與安全，一般人若沒有特殊需求，實在很難瞭解它更多。

　　「配電盤的規格、尺寸有百百種！有人在的地方，就需要電力；只要電力相關的設備，都有配電盤。」耿豪企業的創辦人暨董事長黃輝彬說起自家產品，眼神裡閃爍著光芒。

從最小做到最大 也從最簡單做到最複雜

　　配電盤產業的特色就在於需要有專業技術之設計能力、製造能力、高產值能力、測試能力、整合能力及售後服務的能力，更需要高品質的把關能力，此即所謂的一條龍的生產全服務模式。我們所採的策略是創新作業流程改造、技術專業分工、培訓設計及品管人才、採取同業策略聯盟作市場區隔，在一片紅海中做基本的量生存，更開創電機業的另一個藍海讓我們能夠有更好的獲利以及生存條件。

　　耿豪企業成立於 1988 年，專營高低壓配電盤的設計及組裝服務，雖然並非一般民眾耳熟能詳的品牌，但其實小至公寓大廈，大到變電所、發電廠，多數公共工程與知名企業都曾採用過耿豪的設備。

　　「我們的配電盤是連工帶料生產，完全一條龍服務。」黃輝彬指出，除了因環保議題考量將烤漆委外處理，從規劃設計、鈑金製作、塗裝、組

裝到電機整合測試等及現場安裝施工，耿豪均以一貫化流程製造生產，可說是台灣電力和經濟成長的幕後推手之一。

台灣的配電盤產業可分為微型、小型、中型及大型四大類型企業鏈，主要各依型態在產業鏈裡扮

創立 33 年來，耿豪曾嘗試到越南發展、到中國拓展，無論到哪裡，始終不忘耕耘台灣市場。

演著從 OEM（微型）→ ODM（小型）→ OBM（中型），而耿豪企業在重電事業歸屬於中型配電盤專業製造廠。因此，包含核能、火力、水力、風力、光電、儲能設備等各類型發電廠和變電所的輸供電規劃，以及住宅、醫院、飯店、工廠、科技廠的高低壓配電盤設計，都屬於耿豪的服務範圍。

「從最小做到最大，從最簡單做到最複雜，不管大魚或小魚，耿豪都可以做出美味的料理。」黃輝彬表示，配電盤的規劃設計雖然是以電腦軟體完成，鈑金製造生產也能利用半自動或全自動的加工機來進行，但在電機組裝、配線方面，仍需要許多人力來手工執行，嚴格來說仍屬於傳統產業。正因為這部分的工序難以自動化，配電盤早在四十年前就被認為是「夕陽工業」。儘管如此，耿豪至今依然在配電盤產業界屹立不搖，核心價值必然有其過人之處。

謹慎創業 從委託代工開始穩紮穩打

黃輝彬是台南人，6 歲時跟著家人移居新北樹林，從北市工農（現松山工農）到龍華工專（現龍華科大）都主修電機科系。1981 年畢業後，他隨即進入電力能源設備大廠「樂士電機」從事業務工作，一路上經手過許

「電機組裝配線」可細分成器具安裝、量線裁線、配線組裝等三個小步驟，讓工班各司其職，使產線變得更加順暢。

多公部門標案，舉凡高雄左營軍區海龍海獅潛艇船塢廠、過港隧道、中洲污水處理廠、電信機房、台電供電處監控設備及民間工程建設……等，都由他主力承辦，過程中不僅瞭解業界生態，也為自己奠下深厚的人脈基礎。

「樂士電機可以說是我的啟蒙公司。」經過 8 年歷練，年僅 31 歲的黃輝彬看好配電盤產業快速需求的成長性及未來性，萌生了創業念頭，於是決定帶著在樂士累積的電機知識、業務技巧，和一位同僚離開，在樹林創立「耿豪企業」。

「成立耿豪，我是抱著相當慎重的心情。」黃輝彬回憶，為了成立新公司並祈能成功永續的發展與成長，請知名老師挑選吉時吉日，他花了 3 萬多元刻了一對公司牛角印章，這樣的價格在當時可是所費不貲。「你可能很難想像，這筆錢在當時可以買下一坪半的樓板地！」就這樣，這顆公司章陪伴他走過創業之路，一直用到現在，也將一起走向未來。

耿豪的資本額最初設定為 500 萬元，但實際到位的資金僅有 120 萬元，「而且還是跟親朋好友一起湊成的。」公司剛起步，資金水位不足，也還沒能與其他大廠合作，黃輝彬只能先承租一個 40 坪的民宅空間，從事高低壓配電盤的組裝設計，以專業委託代工為主要業務。

　　「我相信只要業務做得好，不管走到哪裡，工作就到哪裡。」電機業務出身的黃輝彬，不但握有配電盤的專業知識，也有一身投標比案的好本領，因此在成立耿豪之後，也踏入了公共工程領域，開始承包各項公部門專案及民間工程建設。1989 年，耿豪接到亞洲水泥公司的配電盤代工案，存到了第一桶金，對黃輝彬來說意義非凡，更是事業上的一大肯定。

度過一次次危機 決心轉變商業模式

　　創業之路不好走，耿豪和許多中小企業一樣，也曾遇過大大小小的危機。「當時配電盤的商業模式，和現在真的完全不一樣。」黃輝彬說明，配電盤屬於末端設備，上游是水電行，再往上就是營造廠或建設公司，早期耿豪常承接水電行的案子，但經常碰到收款不順利的狀況。「水電行有大有小，規模小的很容易倒閉，所以我們常常會收不到尾款。」

　　最大的一次打擊，就發生在 1994 年。當時，黃輝彬向某位學長接了一個 750 萬元的案子，最初只收了一成訂金 75 萬元，就開始著手執行，於交貨完成後收了支票貨款，但到兌現時遭到跳票，當時狀況緊急。「我們馬上成立危機處理小組，也快速重組股東會的結構，努力把該付的款項付出去。」儘管後來勉強撐過去了，但這次經驗對黃輝彬來說，是一次難忘的震撼教育，也讓他轉而起心動念，決定改變耿豪的商業模式。

建立核心技術 成功達到市場區隔

　　除了高低壓配電盤，耿豪也長期致力於發電廠、變電所的超高壓控制盤、電表電驛控制盤的設計製造。「因為這類產品需要一定程度的專業技術，而且部分受到國產化保護，必須通過台灣電力公司的評鑑，才可以提

供給他們使用。」因為多數的業務機會落在少數的大企業手裡，耿豪若想加入戰局，必須先找到有力的合作夥伴。「我希望跟大廠合作，站在巨人的肩膀往上爬。」

當時，中興電工在重電業高壓氣體絕緣開關設備（GIS）領域的市佔率已高達85%，耿豪努力專注在監控設計製造本業發展，經過一番努力終於成為中興電工的配套協力廠商，至今得以在氣體絕緣開關設備（Gas Insulated Switchgear，簡稱GIS）控制盤（LCC）的製造上取得近八成的業務。「核心技術建立起來了，就不容易被別人仿製，我們才有機會做到市場區隔。」1999年，除了中興電工之外，耿豪也成為台灣電力公司監控電驛設備設計及製造的合格製造廠相繼取得多項台灣電力合格廠資格，並和士林電機建立起長期合作協力廠關係，在配電盤業界作出差異化，於是開創出屬於自己的藍海。

十年累積中國經驗 決心深耕台灣

後來，中興電工有意到中國發展，耿豪也應其徵召前往投資。黃輝彬認為這是拓展事業的大好機會，於是2007年斥資130萬美元，在江蘇南通成立博凱電工機械。「我當時的想法很簡單，就是想跟隨大廠一起學習。」然而，辛勤努力佈局了多年，卻碰上中國政策改變，不僅當地的國有企業處境風雨飄搖，許多民間企業也被要求大砍決標預算，讓他感到萬分挫折，公司更是難以營運。黃輝彬說，原本一開始還想試著苦撐，還是無法承受惡性削價競爭，左思右想，最後決定斷尾求生，將團隊和機器設備轉賣給當地廠商。「回到台灣結算，一共虧了200萬美元。」

對黃輝彬來說，這次海外投資失利是相當寶貴的經驗，同時也和老大哥建立了可貴的革命情感，更努力於專業領域。受到中興電工及士林電機

廠的指導提攜，耿豪持續成長穩紮穩打，由「優→強→大」，在台灣仍保有相當的市占率。「除了擁有，我還希望能夠永續製造服務。」就這樣，他決定繼續深耕台灣配電盤產業，開始以專人專案研發配電器材，送至台電綜合研究所評鑑，成為其合格廠商；也與海外器材公司組成策略聯盟，獲得在台灣代理經銷器材的機會，創造多元的獲利來源。

時代不斷往前推展，配電盤產業市場也隨之變化，黃輝彬懂得與時俱進，運用策略來遞補不足之處，這就是耿豪能夠穩健成長、永續經營的秘訣。

少量又多樣 高度客製化＝難以標準化

「從Ａ點到Ｂ點，怎麼走最快？」一般人的答案是「走直線」，黃輝彬卻說：「把兩個點疊在一起最快！」

從大樓住宅、醫療院所、科技廠房，各種建築物的外觀和電力需求都不同，電力系統必須經過縝密的客製化，這也是配電盤產業的精髓所在。

然而，「高度客製化」也意味著「難以標準化」。正因為客戶的需求都不同，使用配電盤的場域也有差異，產品必須少量、多樣製作，設計和製造的成本相當高，對於效率更是一大考驗。

黃輝彬說明，製造配電盤箱體時，有三個時間點特別不容易標準化，分別是啟動箱體設計的時間點、生產零件器具的時間點，以及啟動箱體製造組裝的時間點，有任何一個環節遇上瓶頸，就很容易阻礙下一個階段的執行。「如果每個人都按部就班地從頭做到尾，速度當然不夠快。」不但速度受到影響，部分生產線有時候閒置、有時候又忙不過來，往往無法承接客戶的大量訂單，業績就很難往上爬。

步驟細分、同步工時 品質效率再提升

這樣的產線瓶頸，讓黃輝彬重新思考產線流程，於是提出「流程再造計畫」。致力於設計上的優化及研發更方便使用的製造流程，除了能讓效率提升、縮短製造時間，更能提升品質。在製程上做流程的改造，創新工序及製作工法並做專業分工，讓整體技術性的設備產品，以專業分工達成各項的要求及品質的落實，最終達到提高效率增加產能的實際成果。

以「箱體製造組裝」為例，這個階段可以拆解為外部箱體鈑金製作、配電箱體組裝建立、內部電機組裝等三個步驟，其中「鈑金製作」又可以劃分成鈑金拆圖、製造排版、雷射切割、折床折彎、燒焊成形、烤漆完成等六個小步驟。如果在客戶圖面簽核之後，依工序標準流程同步製作，就能提升效能，提高產能。

又以「電機組裝配線」來說，這個階段可以細分成器具安裝、量線裁線、配線組裝等三個小步驟。想要提升效率，可以讓器具安裝組只負責安裝零件，量線裁線組只負責測量與剪裁，配線工班只負責把電線配裝於配電盤，就能讓產線變得更加順暢。

「每個步驟分別同步執行，最後再組合起來，這樣速度就很快！」原本看似複雜的工序，被「新流程再造」逐一拆解，每位同仁負責的工作內容變得精細、易於熟練上手，就算碰到休假，由於相互的可替代性，也可以彼此支援，效率自然大幅提升。於是，部分設備的製造時間從 30 天縮短為 7 天，品質和交期也能盡力做到零誤差，使產能提高，訂單數量更是獲得驚人的成長。

事後統計，「流程再造計畫」幫助耿豪員工的平均生產工時降低 24%，平均生產成本下降 26%，接單量卻成長 19%，營收更增加了 40%，足見精簡流程的優勢和成效。

持續貢獻己力 成為產業界模範生

　　對黃輝彬來説，企業必須不斷投資才能成長，唯有追求經濟利益的極大化，才能成為產業界的模範生。一直以來，他的夢想就是擁有屬於自己的工廠，因此早在 2011 年，他選中桃園觀音的桃科一期工業地建廠，2013 年新廠正式啟用；2017 年投資屋頂型太陽能一期供電設備，2019 年投資二期供電設備，都是為了持續擴大事業版圖。

　　自 2002 年台灣正式加入世界貿易組織（WTO）後，國內的重電機市場邁向自由化，也有不少海外大廠紛紛加入競爭，台灣的配電廠產業之所以屹立不搖，除了效率高、品質精良，長久累積的經驗值更是無可取代。黃輝彬觀察，電力市場的用電設備屬於循環市場，平均每二十五到三十年就要將設備汰舊換新，而耿豪在供應鏈中除了穩固配電盤製造外更專攻高技術需求設備，扮演關鍵角色，因此能夠佔據領先地位。

　　2016 年起，台灣政府開始積極推展綠能發電及電業自由化，加上中美貿易戰影響，帶動科技業台商持續回流，積極在台灣覓地建廠，這些變化都成為配電盤產業的商機。黃輝彬深信，展望未來十年、甚至二十年，重電機業和配電盤產業依然榮景可期，耿豪確實是正港的「隱形冠軍」。

專打台灣盃！對配電盤產業深具信心

　　創立 33 年來，耿豪曾短暫嘗試到越南發展，也曾在中國拓展事業，無論腳步走到哪裡，始終不忘耕耘台灣市場，將台灣客戶的需求放在心上。為了增加生產量能，耿豪於 2016 年配合桃園市政府開發桃園科技第二期申購工業地，支持並落實在地化擴廠，目前已在觀音市區購入乙工用地，擴建鈑金廠，預計 2023 年初完工啟用，將引進高科技鈑金自動化光纖雷射切割機、複合式折床，並在觀音市區建造員工宿舍。未來，耿豪將在二

期廠房、員工宿舍裝設屋頂式太陽能電廠，更將投資綠能產業轉型發展，為保護地球盡一份心力。

黃輝彬直言，配電盤在重電機供應鏈中屬於常見產品，技術門檻不高，要真正掌握核心價值卻不容易。2021 年，耿豪參與桃園市金牌企業卓越獎評比，順利通過「隱形冠獎」的書面審查，進入到廠訪視的階段時，評審委員對黃輝彬提出了許多問題。「那時候有一位評審問我，你們公司是打亞洲盃還是國際盃？我坦然回答『我們打台灣盃』。」

一路走來，耿豪經歷過挫折，在低潮期仍懷有使命感，都是因為能在台灣的電力系統上貢獻一己之力，讓黃輝彬甘之如飴。

電力是寂寞的行業 耿豪要成為傳產典範

「電力是寂寞的行業。耿豪的責任是讓每一位客戶安全用電，這也是

位於桃園大潭的耿豪企業專營高低壓配電盤的設計及組裝服務，雖然並非一般民眾耳熟能詳的品牌，但其實小至公寓大廈，大到變電所、發電廠，多數公共工程與知名企業都曾採用過耿豪的設備。

我們最大的使命及希望！」從五個人的小公司起家迄已近百名員工，耿豪與顧客建立深厚的互信關係，始終秉持一貫的經營原則：以專業技術領航，以良心為處事原則，生產製造絕不敷衍了事、更不偷工減料，因此客戶中高達九成都是老客戶。在高度客製化的配電盤產業中，耿豪躍升為產線一條龍的中型企業，至今持續專注創新研發，並持續增添軟硬體設備、積極培訓人才，只為追求最佳品質和更高的效率。

2017 年，黃輝彬考取中央大學 EMBA，畢業論文正是探討台灣配電盤製造業的流程再造，充分展現他對產業的熱誠和期盼。對他來說，電力事業雖然有些寂寞，在生活中卻是不可忽視的關鍵角色，就像配電盤隱身在看不見的地方，卻默默肩負著讓生活如常運作、社會持續經濟成長的重任。

兼顧品質、掌握利潤、精準交貨，是高度客製化的最大挑戰。展望未來，耿豪將導入自動化機器製造設備，藉以提升團隊工作效率，也將持續微調策略，追求企業經濟效益極大化，不但要當台灣配電盤產業的資優生，更要成為永續經營的傳產典範！

耿豪企業小檔案

耿豪企業成立於 1988 年，主要產品包含高低壓配電盤、電驛盤、儀控盤、所內用電設備等，從設計製圖、雷射切割、鈑金燒焊、銅牌製作、專業配線、測試整合及售後服務，可完整提供一條龍式的生產服務。耿豪展現堅實的品牌價值，提供卓越的機電相關產品與售後服務，與客戶建立長期的夥伴關係，除了鈑金設備自動化，致力於流程精簡之外，也加強 3D 繪圖及加工技術，無論設計、生產、服務都擁有深厚實力。其主要客戶包含中興電工、士林電機、台灣電力，亞德客、力成科技、大立光電……等知名大廠，在台灣市占比例亮眼，堪稱業界翹楚。

致勝法則 **3** 解構難題

實踐跨域 創價展新局

濾能股份有限公司

關心環境議題的黃銘文，在 **2014** 年創立濾能公司，專營 **AMC** 微汙染防制控制技術服務與半導體關鍵耗材供應商。創業短短幾年就前進南科蓋新廠，並於 **2021** 年 **6** 月登錄興櫃市場。然而，濾能在成為「當紅炸子雞」前，歷經過資金燒光、兩年接不到訂單、被迫連夜搬倉庫等創業低潮……

從台積電工程師轉換跑道創立濾能，黃銘文致力為環保永續盡一份心力。

　　很少看到一位上櫃公司的董事長，會在辦公皮椅的正後方放一整排寫著「塑膠類」、「紙類」、「寶特瓶」的回收桶，日理萬機的董座何須親自做垃圾分類？然而濾能公司董事長黃銘文認為，愛護地球的舉措不因職位而有改變。從這個小細節就能看出，環保這件事一直放在這位大人物心上。

　　不只如此，黃銘文還特別帶著記者走到窗邊，遙指工業園區一樓的垃圾集散處的大型分類桶。「搬來後發現，工業園區戶外的垃圾放置區沒分類，我們就設置了數個資源回收桶供園區內大家使用。」

　　對環境議題深刻入心、時時謹記的黃銘文，在 2014 年創立了濾能公司，專營半導體製程及無塵室微污染控制系統及濾網，短短幾年公司業績飛升，2021 年 3 月前進南科蓋新廠、同年 6 月登錄興櫃市場掛牌，亮眼

成績讓人刮目相看。然而，濾能在成為「當紅炸子雞」前，歷經過資金燒光、兩年接不到訂單、被迫連夜搬倉庫等創業低潮。

台積電工程師跑去「賣濾網」

說起這段堪稱傳奇的創業故事，不得不提到台積電。「我在 2000 年進入台積電擔任品質工程師。很多人進了台積電，就會覺得完成人生里程碑，當初我也是這麼想，想說這輩子都不會離開台積電了。」黃銘文笑著說。

中山大學化學系研究所畢業的黃銘文，在台積電品質實驗室裡從事微污染防治，算是學以致用。但到 2004 年，黃銘文突然萌生離職的念頭。「這年，我獲頒象徵台積電工程師最高榮譽的『卓越工程師獎』，公司的肯定讓我甚感榮幸，但拿獎後卻感覺自己在台積電工作已駕輕就熟，所以想換跑道試試看。」

獲獎後，黃銘文仍在台積電繼續工作了 2 年多，直到 2006 年，才決定離開台積電到一家叫「康法（Camfil）」的瑞典商服務，公司產品是無塵室濾網。「現在看來對半導體產業極為重要、已成顯學的微污染防治，在 2007 年時還不太受重視，雖然當時康法已是國際知名的濾網公司，但在台灣的知名度當然小於台積電，很多人聽到我離開台積電跑去賣濾網，都百思不得其解。」

從台積電跳去賣濾網，兩者看似毫無關聯，但其實有跡可循。「無塵室裡的濾網對半導體產業而言雖不起眼，卻是不可或缺的重要耗材，為了維持無塵室裡的環境控管，濾網一定得頻繁更換。每回在無塵室裡走著，看著空間裡遍佈的過濾系統與堆積如山的濾網，我都覺得賣濾網的應該很好賺。」黃銘文半開玩笑說。

濾能團隊充滿年輕活力，也將研發創意帶進產品裡。

濾材做好色彩管理，客戶更換時更加得心應手。

濾網年銷五億 但他掛心環境之殤

　　轉職到康法的黃銘文一待又是 7 年，在他的協助下，公司業績一舉突破新台幣 5 億大關，成績傲人，但此時又有個念頭閃進了黃銘文心底。「濾網賣得越好，廢棄物也越多，每次看到堆積如山的濾材要丟掉，覺得很可惜。企業不僅得編列大筆預算去清運不斷產生的濾網，還要花錢不斷買進新濾網，等於是砸錢把錢給丟掉，但對半導體、面板等高科技產業而言，這樣的做法已行之有年，沒人覺得有什麼不妥。」。

　　黃銘文看見了機會，他認為只要從濾網材質研發及設計源頭做出改變，就能讓廢棄濾網的數量減少很多。他把想法跟總公司分享後，可惜沒有得到什麼回饋，這時黃銘文轉念一想，不如就自己創業，把心裡的想法實現。

　　「雖說是機會，但只要我沒有任何動作，就不算是個機會。」黃銘文提出辭呈，當時的他工作表現極為出色，但相對地也有點功高震主。老外

主管批准辭呈後，從此，黃銘文踏上了創業之路。其實個性踏實的他，從未有創業夢，甚至曾嚮過往公務員的鐵飯碗，作夢都沒有想到有一天會創業，但仔細想想這段創業的奇幻旅程，或許正是黃銘文對環境永續天生有著使命感，才會帶著他一路往前衝。

「既然要創業，就要有全新產品進入市場，當然必須要有創新的商業模式。」

離職後的黃銘文成立了濾能公司，研發出創新的「模組化抽取式濾網」，是一大革新，搭配可替換濾網，維護時只需要更換吸附飽和的單層濾網，框體可完整保留並繼續使用，為半導體、面板等大廠大幅減少無塵室濾網廢棄物的損耗，有效節省 40% 以上的成本，而且抽取式濾網的重量每片僅 3 公斤，更換起來順手方便。「以前一組濾網動輒 2、30 公斤，工程師在更換時需拆下整組濾網，簡直像在做重訓，搬個幾組就乏力了。」

濾能的濾網採抽取式，可依客戶產線的特性，針對 MA（酸性）、MB（鹼性）、VOC（揮發性有機物）等三種微汙染物，彈性調整擺放位置，也能依照客戶的製程，針對濾網吸附的微污染物多寡，可安排時程更換，哪片吸附飽和了就換那片，減少不必要的耗材支出；濾材還做了色彩管理，避免放錯位置；由於濾網輕量化，方便分層抽取更換，而傳統濾材會用大量的 pu 膠牢牢封住框體以增加氣密性，但同時也導致濾網回收與廢棄物處理困難等環境問題。而濾能對於產品的巧妙設計使其仍保有其氣密性，新型態模組化濾網的 pu 膠比傳統式的足足少了 9 成，同時也改善了濾網廢棄物處理等大環境議題。

創新濾網環保可回收　卻未受市場青睞

濾能的創新濾材擁有多項傲人優勢，但如此劃時代的創新設計，卻不

是一推出就廣受市場喜愛，反而有兩年時間接不到訂單、公司差點面臨清算命運。「半導體高科技產業對製程的管控很要求，任何一個可能導致狀況發生的變因都必須精控。無塵室微污染管控用的濾網相較於產線製程，宛如『枝微末節』，使用傳統化學濾網已行之有年，貿然更換新產品可能都是影響產線的『變因』，因此在創業初期，客戶對我們的產品敬謝不敏，完全不想買單。」

談起剛創業時的慘澹經營，黃銘文笑著搖搖頭，但血液裡流著理工人擇善固執、突破萬難的研究因子，讓黃銘文絕不輕言放棄，雖然不知道這段日子要撐多久，但他始終沒有放棄的念頭。

冥冥之中，老天似乎眷顧著濾能，即便創業後的考驗從未間斷，好幾次眼看就快要彈盡援絕，卻總是會在緊要關頭又有個力量支持著，讓濾能過關。

談起創業時遭遇的考驗，黃銘文臉上仍帶著笑意。就是這種克服困難、解構難題的「工程師性格」，讓他闖出一片天。

「雖然大股東很挺我，但長期以來公司業績沒半點起色，難免還是有疑慮，加上兩年沒訂單，倉庫堆滿賣不出去的濾網，而德國的材料供應商也開始擔心我們是不是詐騙集團，說了很久大單卻遲遲沒有出現。」

屋漏偏逢連夜雨，在最慘澹經營的時刻，濾能的倉庫安檢未通過地方政府的要求，跟房東反應需提升消防安檢設施，卻反被要求搬家。「幸而啟翔輕金屬公司陳百欽董事長義氣相挺，願意

出借倉庫，我們得以連夜搬進新地點，把倉庫兼做辦公室使用，繼續拚下去。」

創業兩年半 公司走不出低谷

即便遇到得連夜搬遷的窘境，黃銘文依然保持著樂觀正向的念頭，而事後也證明一切都是天意！因為濾能搬進更大的倉庫，才能因應之後戲劇化的超狂業績。

「一切都有人幫忙準備好，只是，你要有勇氣衝出去。」但這場「谷底翻身」的戲碼並不是立刻上演，在黑暗中摸索兩年的濾能，似乎見到遠處有道幽暗的微光，但是，從看見微光到走出黑暗、迎向光明，又等了整整半年的時間。「這半年的折磨沒少過，常有客戶說要下單，我們已跟德國的材料供應商說好有訂單，但最後客戶又取消……對我們來說都是煎熬。」黃銘文說，德國的材料商問題較小，即使現在不想與濾能合作，但未來只要有訂單，他們還是願意供貨，而最需要安撫的就是大股東。回首這段心路歷程，黃銘文說，當時他感覺到此時就是谷底，最慘的結果不過如此，於是冷靜下來，開始釐清應變的方式。

首先要對自己殘忍。「當時濾能只有 4 個人，我帶頭減薪也展現出破釜沉舟的決心，也跟員工說，未來訂單一來，欠的都會補回去。而這個決策也展現出『創業家』與『專業經理人』最大的差異。專業經理人可能會擔心減薪讓員工不舒服、失去鬥志。然而，創業者則是站在投資者的立場去看，先對現金流做出反應，讓投資者知道我們是有心再繼續拚下去的。」

果然，減薪後的濾能同仁反應是正向的，更加積極地想拿到訂單，也展現出團結的力量。

輕量化、可抽換的創新濾材重量極輕，容易更換。

這是廢氣濾材燒製而成的燃料棒，力行「循環經濟」的理念。

那一夜 改變命運的一張訂單

談起改變命運的第一張訂單，黃銘文笑說過程十分戲劇性。「某大廠的品管工程師在深夜加班時，發現設備發出必須更換濾網的警告。傳統濾網一片重達 30 公斤，工程師一次得更換 5、6 片，熬夜加班已經夠辛苦了，實在沒有餘力換濾網，於是連夜打電話叫我們送幾片濾網過去應急。」

這一換不得了了！客戶徹底體會到濾能抽取式濾網的優點，隔天，這家科技大廠就下了 1000 組的訂單。從今以後，濾能濾網的口碑享譽業界，創新濾網是能幫助客戶解決痛點的產品，只要把無塵室的微污染管控問題交給濾能，產線的工程師們也不用再傷腦筋。

然而，濾能不光是解決高科技大廠的痛點，也讓廢棄濾網的回收更便利。「以前換下來的濾網需委託專人處理，業者是將濾材中的金屬回收，濾材拆下拿去燒，但因傳統濾網的設計非常不環保，以 pu 膠密封拆解困難，但不拆直接焚燒又會製造毒氣，業者處理起來叫苦連天。」

　　而濾能濾網所使用的 pu 膠較傳統式濾網少了 95%，且採用環保膠，加上框體與濾材採可分離式的設計，框體還可以重複使用。「傳統式濾材一丟就是丟整組，濾能濾網可以只更換用完的那一片，延長產品的使用年限並降低更換頻率；此外，濾能的濾網可降階使用，過濾要求很高的半導體產業用完後，可降階用在對過濾要求較低的場域，像是鋼鐵廠、畜牧場等，真正做到物盡其用。」

替客戶解構難題與痛點　就是商機

　　更讓人振奮的是，當濾材已無法再使用、勢必汰除時，濾網在燃燒後可製成燃料棒，用濾材製成的燃料棒來發電，更是貨真價實的綠電，讓濾網的一生徹底做到「循環經濟」，這才是最有意義的事。

　　走出黑暗迎向光明的濾能公司，2015 年達到損益平衡、2016 年開始獲利至今，員工從最初的 4 個人，如今已累積到 160 人。然而，最讓黃銘文欣慰的不只是公司的成長，見到因濾能濾網的創新設計，目前幾乎所有高科技產業都採用濾能的濾網，這 6 年多來的濾網累計銷售量，已減少廢棄物達 3 千噸、疊起來的高度相當於 49 座的台北 101。

　　2020 年，黃銘文延攬交大 EMBA 同學黃氣寶擔任總經理，秉持著「Go Clean，Think Green ！」的核心價值，結合 Reuse（框體重複使用）、Reduce（濾網廢棄物減量）以及 Regenerate（濾網再生重複使用）的 3R 精神，讓濾能業績擴展更加超前，並建置濾能的自有供應鏈，充分掌握材料與技術的綠色永續，成為真正做到循環經濟的企業，並協助半導體產業一同走向友善地球的道路。

　　2021 年是濾能豐收的一年，不僅順利落腳南科，未來可就近提供客戶在半導體製程及無塵室微污染控制系統服務，有助於國內半導體產業的

整體發展，同時也在 2021 年 6 月登錄興櫃。

　　在事業做得有聲有色的同時，黃銘文仍不忘對這塊土地的使命。2021年 5 月，台灣疫情升溫全國進入三級警戒，黃銘文將濾能在過濾微污染物的強項發揮得淋漓盡致，濾能在第一時間成立了專案小組，開發多座正壓檢疫亭到各大醫院設置，檢疫亭配有空調、UV 滅菌燈等設備，讓採檢人員能在舒適且安全的空間裡工作，以確保第一線醫護人員與採檢民眾上的安全。除此之外，濾能也設計了「微負壓空氣濾淨系統」，讓醫院得以用低成本、迅速改善任何一處隔離空間裡的空氣品質，打造微負壓環境以抑制氣溶膠的流動、降低病毒擴散機率，提供院內醫護及病人更安全的照護空間。

　　黃銘文認為，COVID-19 病毒共存已是國際共識，未來台灣第一線醫護人員在檢疫與病毒控管上，更需要有高科技利器的支援，除了能靈活運用的「微負壓空氣濾淨系統」外，黃銘文建議政府可盤點國內有些產線移往國外、已棄置不用的無塵室廠房，可利用廠房內已設置的過濾微污染系統，視需要改造成負壓或正壓空間，一旦有緊急醫療需求可徵用為醫療應變空間，這觀念有如戰爭時的隨處可見的「防空洞」，以備不時之需。

辦公室裡的畫作，綠意盎然的森林裡流過一條黃金河，黃銘文說，這就是綠金變黃金的意境，環保就是未來的商機。

　　回顧濾能創業 8 年以來經過的點點滴滴，可以發現「環保」與「商業」不是拔河繩的兩端，而是站在

濾能連續兩年獲得桃園金牌企業卓越獎「愛地球獎」的肯定。

濾能辦公室的隔屏是用廢棄濾網做成的，雅緻中帶著時尚工業風。

同一陣線的夥伴。誠如黃銘文辦公室裡掛的那幅畫，在綠意盎然的森林裡流過一條黃金河，讓「綠金」變「黃金」，讓力行環保成為獲利的動力，人們就會願意付諸實行，讓循環經濟成為可能，方可落實環保永續。

濾能股份有限公司小檔案

　　濾能公司為半導體製造流程上之微污染控制系統的專業製造商，其關鍵的核心技術是無塵室的潔淨技術，其中模組化抽取式化學濾網，滿足客戶對阻絕微污染源的多元需求，同時落實守護地球環境的企業使命，結合 Reuse（框體重複使用）、Reduce（濾網廢棄物減量）以及 Regenerate（濾網再生重複使用）的 3R 精神，

　　深獲業界好評，不僅獲獎無數，也多次榮獲第二類環保標章認證。濾能創業精神結合「Go Clean，Think Green ！」的核心價值主張，致力成為客戶永續環境的最佳夥伴，攜手為地球的美好盡一份心力。

WISDOM IN COMBAT

致勝法則

4 利他共贏

用善念為出發點，從為他人著想的基礎擴大贏面！

葡萄王生技股份有限公司

台灣房屋仲介股份有限公司

美商台灣明尼蘇達礦業製造
股份有限公司（3M）

致勝法則 **4 利他共贏**

尖端科技
鞏固大眾健康

葡萄王生技股份有限公司

一棵超過 50 歲,早已枝繁葉茂、結實累累的葡萄樹,還能如何成長茁壯?葡萄王生技是許多人熟知的老字號傳產,早期以機能性飲料打響知名度,而後瞄準保健市場,以種類多元的保健食品擄獲消費者的心。成立至今屆滿 53 年,葡萄王生技在二代董事長曾盛麟的帶領之下成功轉型、不斷翻新,更肩負起永續經營的企業責任,以尖端科技鞏固大眾健康!

1969 年創立的葡萄王，一瓶「康貝特」打響名號，成為台灣人耳熟能詳的機能飲料的領導品牌。

　　成立於 1969 年的葡萄王生技，自推出第一支機能性飲料「康貝特」就深受勞工階級歡迎，品牌形象一直深植人心。隨著時代更迭，產品的目標群眾逐漸開始轉移，過去喜歡「康貝特」的消費者已屆退休年齡，需要提神的換成了新一批年輕工作者，要讓他們熟知葡萄王、進而成為愛用者，葡萄王必須推陳出新，從內而外都勢必面臨轉型——如今，老企業已然創造一番新氣象，現任董事長曾盛麟功不可沒。

初期推動組織改革 邁向全面數位化

　　曾盛麟是葡萄王集團創辦人曾水照的么兒，在台灣讀完五專、服完兵役後即赴英國留學，取得了企管碩士、商業行銷博士學位後，隨即進入精英電腦英國分公司擔任行銷經理，短期內升任泛歐區行銷總監，後來又轉至倫敦 Proxima 採購顧問公司，擔任資深行銷經理一職。旅英長達十五年，曾盛麟期間曾多次被父親要求回台「幫忙」，但其實在他的人生藍圖裡，原本並沒有「接手家族企業」這個選項。

　　直到 2010 年，曾盛麟才在父親的聲聲呼喚下答應返台，從董事長特

助開始做起。「十二年前剛回來的時候，我只把自己當作一個專業經理人。」他回憶，當時葡萄王有 170 名員工，只有一位人事秘書負責計算全公司的薪酬和出缺勤，因為沒有人資部門，人才招募都由各單位自行處理，沒有完整的績效考評制度，也沒有系統化的教育訓練，遑論讓員工到外頭進修，學習工作所需的新知與技能。

曾盛麟驚覺，比起產品翻新、導入行銷模式，內部的組織改革與整頓顯得更加迫切，他沒有太多時間擘畫策略藍圖，一開始只想先把沒有的給補上。「沒有人資部門，我就補人資部門；沒有行銷部門，我就補行銷部門。這一切不是刻意安排的步驟，只是單純覺得應該這麼做。」他率先成立「數位改革專案小組」，引導年長的資深員工學習使用 E-mail 等數位工具，同時建立完善的 HR 團隊，制定績效考評制度，並積極招聘年輕新血，藉以逐漸從平均 45 歲調降員工的平均年齡至今 37 歲，帶領公司邁向全面數位化的時代。

活潑、親和、有創意，曾盛麟可說是非典型的傳產董座，他以獨特的領導魅力帶領員工。

葡萄王生技落實永續經營、友善環境不遺餘力,從 2018 年開始從 CSR 到發展 ESG,不但關注人類健康,也期待為地球做保健。

然而,萬事起頭難,許多現在看來稀鬆平常的安排,對老員工們來說是極大的轉變。曾盛麟坦言,當時葡萄王成立已經超過 40 餘年,從工作模式到廠房產線配置都早已定型,要著手調整並不是一件容易的事。「頭兩年確實比較辛苦。」以產品企劃為例,每項產品包裝需要什麼材質的包材、瓶子裡需要多大尺寸的海綿墊,都屬於產品企劃的一環,但早年葡萄王並沒有專人負責相關工作。產品企劃是介於研發和業務之間的橋樑,不僅要追求品質精良,也要讓產品兼具市場性,只是當曾盛麟正決定設立產品企劃部門時,不僅遭到質疑此舉用意何在,也有員工擔心自己原有的業務被搶走,和同仁之間的溝通過程需要耐心,達成共識更需要時間。

歷經磨合、達成共識 駛向穩定新航道

2010 年擔任董事長特助,2012 年升任執行副總,2014 年因父親驟逝而正式成為接班人……直到現在,曾盛麟不斷地進行組織改革及優化,在傳統制度中注入新思維。舉凡招募新血、推動工作流程電子化、建立績效獎金制度、在平鎮增設新廠來提升產能,以及設立品質保證部門,大幅提升食安保障,後來更陸續取得多項國際認證,同時不忘落實企業社會責任。當這些努力逐一開花結果,展現了曾盛麟拓展葡萄王健康版圖的企圖心,

員工心中的猶疑逐漸轉為認同，自然願意和董事長同舟共濟，讓葡萄王生技再度駛向穩定的新航道。

當然，一路走來絕非暢行無阻。曾盛麟離開英國職場，回到家族的老企業，不但得適應工作內容，還得著手進行改革、品牌再造，阻力必然不小。「一開始我和同仁們都不太適應，不只是因為環境不同，彼此的文化背景、工作步調也很不一樣。」新聘僱的同仁還不熟悉，資深同事配合度不高，頂頭上司又是自己的老爸，所有的決策也未必都能獲得支持，那壓力可想而知。

「現在回想起來，我可以理解同仁的心情，也懂得父親的考量，他是為了取得新舊之間的平衡。」曾盛麟返台時 37 歲，直到接班時 42 歲，期間經過五年的歷練和磨合，性格已然圓熟許多，也因為自己在英國當過上班族，在進行許多決策時，不僅會從資方的立場思考，也不忘考量勞方的心聲，完美平衡雙方的感受。成熟的企業領導人要做任何決定時，不能只單看某一面向，而必須考慮許多因素，才能做出適合大局的決定，曾盛麟正是一位這樣成熟的領導人。

新行銷翻轉品牌形象 年輕人也愛葡萄王

走過最初的陣痛期，曾盛麟邁開步伐持續改革，對產品行銷也顛覆了原有策略，成功翻轉陳舊的品牌形象，開創出新格局。「以前『康貝特』常被大家認為是長輩們在喝的飲料，年輕人想要提神，不會優先選擇葡萄王。」曾盛麟認為，過去人們認為 30 歲開始初老，現在可能 25 歲就得留意保健，加上近年來國人的健康意識抬頭，運動風氣也愈加蓬勃，機能飲料、保健食品的消費者不該僅限於高齡人士，而是從兒童到長者，各個年齡層都可以有相對應的選擇。

　　「所以我覺得葡萄王必須儘早轉型，就重新定義葡萄王的品牌願景為『健康專家，照顧全家』。」商業行銷專業出身的曾盛麟，對廣告行銷有一套屬於自己的見解。他知道產品如果沒有在口味上討好年輕人，即使打了廣告增加聲量，恐怕無法提高營收；反之，就算產品再好，若沒有搭配合適的行銷方案，在市場上也難有續航力。因此，第一步，他積極致力為「康貝特」系列機能飲料打造全新廣告，找來形象陽光的演員楊一展擔任首位代言人，藉以顛覆舊有廣告模式，為老字號企業注入年輕基因，進而擦亮葡萄王的招牌，創造出更高的能見度。

　　只是，拍廣告需要預算，錢該從哪裡來？過去葡萄王要針對某項產品打廣告，行銷費用都來自該項產品的營業額，但眼見「康貝特」的營業額持續萎縮，行銷費用隨之短少，營業額自然無法提升，曾盛麟決定力排眾議，申請了一筆康貝特專用的行銷特別預算，強調這筆錢不會影響到同仁的業務獎金，以做為葡萄王形象翻轉的敲門磚。

廣告挽救營收頹勢 打穩品牌忠誠度

　　「那次預算非常有限，但我們還是拍出五支康貝特的廣告，可說是『不成功，便成仁』。」如果廣告成功了，聲量和營收都有機會導入其他產品，可以證明行銷是值得投資的預算；但要是不成功，勢必將招來更多的質疑。冒著這樣的風險，曾盛麟為「康貝特」系列產品進行品牌重塑，將「康貝特」的目標族群設定在 35 歲以上的白領上班族，而含有氣泡的「康貝特200P」則設定在 25 至 34 歲的年輕休閒族群，亦重新定調主視覺風格、設計網站，結合傳統媒體、數位媒體推出一系列活潑有趣的廣告，以幽默手法傳達產品特點，令消費者會心一笑，當年度主力通路成長了 20%。隔年乘勝追擊，推出主打 18 至 24 歲的鋁罐能量飲料「PowerBOMB」，最具代表性的廣告是由知名演員楊一展飾演特務，在出任務前喝一罐

「PowerBOMB」，引爆英雄救美的滿滿能量。這一系列廣告讓葡萄王再度一砲而紅，成功挽救了「康貝特」系列原本營收持續下滑的頹勢，進一步急速成長。

2020 年，行銷團隊再找來金鐘影帝吳慷仁代言「康貝特」，也延攬金曲歌王 LEO 王與春艷所組的「夜貓組」代言「PowerBOMB」，廣告影片在YouTube 創下超過數百萬的觀看次數，隔年零售通路的銷售量也成長了 33%。除此之外，葡萄王積極拓展數位行銷，邀請 Facebook、IG 的網紅擴大聲量，還有知名 YouTuber 二創音樂及影片，連 Podcast 節目都能聽到葡萄王的廣告……就這樣，葡萄王成功擺脫「懷舊、老牌、銀髮族」的印象，也重新打穩了新舊顧客的品牌忠誠度。

行銷專業出身的曾盛麟，對廣告有獨到見解，他致力於為「康貝特」系列機能飲料打造全新形象廣告，顛覆舊有廣告模式，為老字號企業注入年輕基因。

ESG 永續經營是全球趨勢 也是葡萄王的使命

「從無到有並不難，難的是什麼都有了，反而開始思考永續發展，要走在其他企業的前面，策略也勢必有所改變。」曾盛麟強調，葡萄王長年關注 CSR（企業社會責任），早在 2013 年就成立 CSR 委員會，設立公司治理、食品安全、研發創新、員工關係、社會共榮、綠色環境等六大範疇，力求「付出，成就美好社會」，長年持續公益捐贈、舉辦慈善活動，也積極協助慈善和弱勢團體創造永續經營的能力。

葡萄王在 1997 年推出的靈芝王，以每顆 10 元、只有市價不到三分之一的價格，一推出便迅速席捲保健市場。

　　已經有 53 年輝煌歷史的葡萄王集團，接著如何再創下一個黃金五十？關鍵就在於 ESG。ESG 是環境保護（E，Environment）、社會參與（S，Social）和公司治理（G，governance）的縮寫，代表全新型態的企業社會責任。近年全球氣候變遷，加上新冠肺炎疫情肆虐，企業除了營收成長，更關注如何與自然環境共存，達到永續經營與發展。

　　曾盛麟表示，葡萄王從 2018 年開始將 CSR 更進一步提升到 ESG，不但關注人類健康，也持續思考環境永續，期待為地球做好保健工作。在公司內部，先從減少開燈、冷氣等措施開始實行，各部門經常舉辦有趣的節能省碳競賽活動，也提供適度獎勵，提升員工的參與意願。「創意不應該只靠我一個人，需要大家一起集思廣益，才可以把概念融入生活裡。」曾盛麟說，以前員工遇到新的觀念往往比較排斥，現在大家已經養成吸收新

知的習慣，「求新求變」這四個字，已經刻在葡萄王生技人的文化血液裡。

「從產品端來說，ESG 確實會提高成本，但我們都是地球的一份子，這是不能忽略的全球趨勢，也是企業應盡的責任，葡萄王應該提前佈局。」許多看似有助於企業形象、但「不賺錢」的措施，葡萄王仍積極導入企業策略。曾盛麟以素食膠囊為例，大眾認知還未全面普及，即使認同 ESG 概念，但一看到價格稍貴，多半還是會有些卻步，「但只要產品對健康有幫助，對社會來說也是良善的貢獻，我們就必須去做。」也因為海外客戶普遍重視 ESG，葡萄王因此獲得更多海外代工合作的機會，將整體營收帶往新高度。

面臨氣候變遷、全球暖化，葡萄王瞭解企業應肩負起減少碳排的責任，平鎮總部已通過 ISO14001 環境管理系統認證，採以 PDCA（Plan-Do-Check-Act，循環式品質管理）運作方式，持續推動各項環境保護措施。2019 年，葡萄王成功加入國際 RE100 再生能源組織，承諾 2035 年再生能源使用達 100%，成為全台灣第四家加入的上市公司；更與 Google Cloud 合作，期望降低內部機房能耗、提升資料中心能源效率，進而降低溫室氣體排放。同時，因應歐盟於 2023 年起要求進口商申報排碳量，並於 2026 年實際徵收碳關稅，葡萄王將以上述措施為基礎，提高能源績效，逐步提高綠電比例，並預計 2023 年三月取得 ISO14064 溫室氣體盤查認證，逐步實現零碳排的目標。

電商通路提早準備 挺過新冠疫情

2019 年底，新冠肺炎疫情開始擴散全球，正當許多企業手足無措之際，葡萄王早在 2011 年便設立了虛擬通路部門，著手推動數位轉型。「當時電商還沒那麼流行，我們的營收占比是八成實體、兩成虛擬，而且虛擬絕大部分還是電視購物。」曾盛麟回憶，2020 年農曆年節結束之前新冠疫

位於桃園平鎮的葡萄王健康活力能量館，是寓教於樂的好去處。

情大爆發，他就先要求行銷部門將廣告檔期全數改為可增加免疫力的靈芝、益生菌產品，事後證明精準命中消費者需求，也做到電商通路的無縫接軌。正因如此，即使實體通路深受疫情影響，葡萄王自有品牌依然在第一年成長 21.23%、第二年成長 25.02%，全集團亦成長 7%。在供應鏈部分，葡萄王則是迅速盤點原物料，若有原物料產地受到疫情影響，就及早更換為其他產地，聰明避開了斷貨危機，也展現具前瞻性的風險管控能力，以及危機處理的應變實力。

活潑、親和、有創意，曾盛麟可說是一位非典型的傳統產業董座，他以獨特的領導魅力帶領員工，不但吸引年輕的工作夥伴加入，也讓老員工願意慢慢靠攏，為葡萄王開創了前所未有的好成績。2020 年，葡萄王榮獲桃園市金牌企業卓越獎「好福企獎」的肯定，2021 年再以數位轉型、創新研發、市場開拓等亮眼表現，成為桃園唯三榮獲「智多星獎」的在地企業，同年曾盛麟個人亦榮獲哈佛商業評論數位轉型鼎格獎「轉型領袖獎」，這一切絕非偶然。

這棵繁茂的葡萄樹 未來將繼續開枝散葉

從 2014 年正式接手集團至今，曾盛麟讓葡萄王的營收從 63 億成長到 109.1 億（為求比較基礎一致，上列數字為原會計準則，非採用

IFRS15），獲利成長接近四成，未來年營收可望持續突破百億，並積極走向海外市場。走過接班初期的風雨，曾盛麟深知這些成果得來不易，若沒有員工相挺、貴人相助，葡萄王不會有今天的成績，因此心中始終滿懷感謝。「父親在 53 年前創立了葡萄王，而我只是很幸運地出生在這個家庭，努力讓這棵已經茁壯的大樹，變得更茂密。」曾盛麟由衷感謝父親曾水照，也不忘歸功於全體員工，以及願意長期投資葡萄王的股東。「我常跟同仁們分享：『莫忘初心』。」即使幾經危機，他期許自己要繼續相信人性本善，維持單純的初心與熱忱，帶領葡萄王繼續向前邁進。

曾盛麟承襲了父親的體貼與溫暖，多年來為葡萄王澆灌合適的養份，不僅讓這一棵早已結實累累的葡萄樹增添嫩芽、開枝散葉，成為具備國際能見度的品牌，相信還有相當可觀的成長空間。展望未來，葡萄王將繼續秉持「付出，成就美好社會」的理念，持續深耕永續經營，實現零碳排的未來，開創屬於葡萄王的風貌，再創下一個巔峰！

葡萄王小檔案

葡萄王創立於 1969 年，以生產康貝特口服液聞名，於 1971 年成設葡萄王食品股份有限公司，從事保健食品、一般食品、藥品的生產、製造及銷售。

葡萄王持續自我鞭策，以尖端的科技與創新的研發，從傳統食藥廠成功轉型為生物科技界的領導者，並於 1991 年成立生物工程中心（現升級為生物科技研究所），積極投入研究與發展關鍵之生技原料，擁有超過 30 年的研發經驗，建立了難以跨越的領先優勢，以立足台灣、放眼世界的宏觀視野，成為業界中的前導者。集團內有 PIC/S GMP 優良藥廠認證，符合 ISO22000、HACCP、NSF GMP、TQF、HALAL、FSSC 22000、ISO/IEC TAF17025 的認證實驗室，集團產品並符合 TFDA 食品衛生安全。

葡萄王以「健康專家、照顧全家」為使命，與所有同仁一起創造葡萄王生技的成長和茁壯，提供社會大眾更豐富的生命，共同迎向充滿希望的未來。

致勝法則 **4** 利他共贏

協助人們圓夢
成就更圓滿

台灣房屋仲介股份有限公司

ESG 環境永續，不該只是一句簡單的口號。在地深耕邁向 **40** 年的台灣房屋，持續關注氣候變遷和社會趨勢，不僅大力推行植樹造林計畫、推動友善健康農場，更顧及高齡長照需求，開發了亞洲健康智慧園區。如此三面兼顧「環境、食安、長照」，展現超越房仲的價值，為你我創造屬於幸福的新定義！

台灣房屋安排「成人心肺復甦術及體外自動電擊去顫器（CPR + AED）」急救訓練課程，讓集團同仁一起學習。

　　關於幸福，你的定義是什麼？是體面的衣裝、足夠的財富，還是一份稱頭的工作？對成立於 1985 年、在房地產業耕耘邁向 40 年的台灣房屋來說，「幸福」並不只是幫助客戶買到一間便宜的房子，或一片有增值機會的土地，而是以更寬廣的格局善待環境、推動食安，提供高齡者舒適的居住空間，將「利他共贏」四個字永遠放在心上。

　　「我一直都相信，萬物皆可為師。」台灣房屋集團總裁彭培業認為，台灣的房仲業發展已臻成熟，不僅相關法令完備，實價登錄制度也提供公開透明的資訊，如今房仲不能只停留在單純的「訊息產業」，回饋大眾的方式更必須與時俱進。眼看社會面臨「雙化」──氣候暖化導致環境危機，人口高齡化帶來老年照護問題，彭培業認為兩者交會的關鍵字就是「健康」。因此，為了地球永續、人類健康，台灣房屋不僅持續提供完善的仲介服務，也不忘在經營體質中注入創新思維，並實際採取行動，展現企業應有的價值。

如果將眼光放得更遠，整個地球就是全人類的家。彭培業說：「地球是最大的房東，我們來到這個世界，頂多只借住一百年。」為了全心呵護這個家，台灣房屋首創「植樹造林、友善土地、樂齡建築」的幸福三部曲，早在十多年前就已經正式啟動。

幸福首部曲：植樹造林計畫，幫助環境永續

台灣房屋植樹造林計畫的起心動念，要從 2010 年開始說起。彭培業回憶，2010 年四月發生國道三號崩塌事故，有 20 餘萬噸的土石崩落在高速公路上，造成三車四人不幸罹難。這起走山意外給社會帶來極大震撼，山林水土保持的重要性不言可喻，也讓彭培業萌生植樹造林的使命感。

「種樹有很多好樹，可以美化景觀、涵養水源，還能增加新鮮氧氣，降低熱島效應。」依據農委會林業試驗所在 2019 年五月的實測數據，台北市仁愛路和忠孝東路僅一街之隔，溫度卻差了 2.6 度，原因就在於仁愛路的行道樹數量比較多。彭培業指出，根據台灣《都市計畫法》的規範，都市綠化面積應達到 10%，才能有效改善熱島效應導致的高溫。然而，若以面積 217 平方公里的台北市來說，綠化面積僅有 13.5 平方公里，也就是綠化率僅有 5%，遠遠不及法規標準。他又以新加坡為例，這個面積僅有 728 平方公里的國家，綠化程度竟可達到 60%，大大超越了台北市。原來，新加坡不僅堅持平面綠化，還讓植物攀上垂直牆面、蔓生大樓屋頂，充分實踐了垂直綠化及摩天綠化，達到城市綠化的極致，因而獲得「花園城市」的美譽。

新加坡的綠化成果，可以作為台灣的借鏡。「企業不能只是忙著解決眼前的問題，而要提出跨世代的解決方案！」彭培業深信，種樹是最能幫助維護生態的方式之一，但植樹造林需要大片土地，更需要投入資金，絕非一己之力就能辦到。「如果一個人很難達成，那就應該讓企業來做。」

於是，台灣房屋在 2015 年啟動了第一個「十年種樹」計畫，在佔地 25 公頃的苗栗大湖林場種植 15,000 顆樹，多年來細心養護、補種樹苗，每五年還得再疏伐 500 棵，如此重複多次，最後才能剩下 2,000 棵順利成長。從此以後，台灣房屋陸續在新北瑞芳、桃園中壢、新竹關西等地開闢林場，目前樹木合計 15,000 棵，數量約等同於台北市的大安森林公園、仁愛路、敦化南北路行道樹的總合，每年可為台灣減少約 2,500 公噸的二氧化碳。

播下種子　如水中漣漪形成良善循環

近年全球遭到疫情肆虐，許多企業都被迫撙節開支，但「對的事」絕不能停下腳步，因此台灣房屋持續植樹。「前人種樹，後人乘涼。我們植樹造林看的絕對不是短期獲利，而是長期對地球的貢獻。」彭培業感性表示，樹木的壽命比人類長得多，從一棵小樹苗茁壯成大樹，需要數十年，甚至可達百年以上，儘管種樹的人會陸續離開世界，但只要後人悉心守護

在新竹沙湖壢成立非營利的「漣漪書屋」如同書本的旅行中繼站，鼓勵顧客以書換書，公益、環保一舉兩得。

環境，這些樹可以繼續留給下一代，落實企業 ESG 環境永續的理念。

　　除此之外，台灣房屋在新竹沙湖壢成立非營利的「漣漪書屋」，作為書本的旅行中繼站，鼓勵顧客以書換書，公益、環保一舉兩得。只要拿一本書來到這裡捐贈，顧客就能免費享用一份咖啡和點心；離開時也可以帶走一本書，下次到訪再歸還即可。如此一來，知識能傳播給更多人，也像是為二手書創造一趟嶄新旅程，無形中少砍了樹，對節能減碳也是盡一份心力。彭培業分享，2022 年三月漣漪書屋舉辦了「綠化森活」植樹活動，在一週內發出 3,000 株小樹苗給民眾，如此簡單卻不凡的行動，就像在湖心投下一顆小石子，讓水面形成一圈一圈的漣漪擴散開來，長此以往，將能形成良善的循環。

幸福二部曲：體貼善待員工，溫暖回饋社會

　　台灣房屋深信，唯有感覺幸福的員工，才能提供體貼細膩的服務，讓客戶也感覺幸福。「房仲業挫折多、壓力也非常大，如果員工不健康，企業就無法運轉，所以我非常在乎他們的身體和心理健康。」彭培業也特別強調，台灣房屋集團愛才惜才，視員工為企業的珍貴資產，更把員工當作他最在乎的家人，因此「幸福第二部曲」的首要任務是善待員工，進而將這份溫暖推廣到整個社會。

　　2020 年起，新冠肺炎疫情肆虐全球，世界經濟局勢深受衝擊，許多產業都面臨前所未有的困境，正當許多公司被迫蹲下來防守，台灣房屋卻選擇逆勢操作，提供讓同業都羨慕不已的福利。除了全員普篩檢測、公衛訓練，台灣房屋還提供防疫照顧假、疫苗接種假，並實施隔離檢疫期雙倍薪制度，更讓每位同仁享有疫苗注射津貼一萬元，堪稱房仲業界的防疫領頭羊。

台灣房屋斥資一億元打造「智慧型訓練中心」，情境數位畫面如實呈現，結合 AI 智慧實境擴充互動訓練，讓新進員工宛如身歷其境，疫情期間也能照常訓練。

　　此外，台灣房屋斥資一億元打造「智慧型訓練中心」，情境數位畫面採 1：1 比例如實呈現，結合 AI 智慧實境擴充互動訓練，讓新進員工宛如身歷其境，不但學會檢測屋況、獲得房地產相關知識，更能快速累積房仲導覽經驗值，預防未來的交易爭議，可說是一座同仁專屬的超強「練功房」。此外，台灣房屋也和國立中央大學、清華大學等校進行產學合作，成立「台灣未來人才學院」，開設不動產產業微學程學分，幫助學生縮短學用之間的落差，也將協助應屆畢業生考取不動產營業員證照，快速提升產業即戰力。

　　員工的身心健康和職涯發展，當然也是彭培業極為重視的一環。台灣房屋在 2021 年暖心推出「解憂隨身聽」服務，只要員工在人際、工作、情感方面有任何煩惱，都能透過的 Line 官方帳號與專業諮商師對話，抒發情緒的過程完全保密，員工可以絕對放心；針對已離職的夥伴，則設有「離職復職服務中心」義氣相挺，免費提供轉職輔導、法律諮詢等服務，若有

復職的想法，更可安排重新回到台灣房屋，堪稱業界難得一見的創舉。

樂齡友善社區門市 創造社會共好

　　以人為本，是台灣房屋善待員工的準則，而這份溫暖也從內向外延伸。早在 2017 年，台灣房屋就在桃園中壢設立「友善健康農場」，堅持不使用農藥和化學肥料，以溫室有機培育的方式栽種牛番茄、玉女番茄、豆類等各式時令蔬果，收成時除了與集團員工分享，也提撥相當比例給社福機構，並免費提供偏鄉弱勢學童食用。即使在疫情期間，農場也沒有減少收成，目前仍持續分送蔬果，充分落實友善土地、回饋鄉親的理念。

　　2019 年，台灣房屋再率業界之先打造「樂齡友善社區門市」，在所有直營門市設置全功能血壓計，體貼服務鄰近的民眾和商家，以及在城市裡奔忙的居服員。談到居服員，彭培業眼中滿是疼惜：「居家照護是非常辛苦又偉大的行業！」他指出，居服員的工作項目相當繁雜，一整天下來可能要服務多名個案，壓力自然不言可喻。假設早上在甲地服務、下午又要到乙地工作，中間這段時間若來不及返家休息，長期下來累積勞累，可能身心俱疲。

台灣房屋在桃園中壢設立友善健康農場及天然雞場，堅持不使用農藥和化學肥料，以友善方式飼養雞隻，除了與集團員工分享收成，提撥相當比例給社福機構。

　　因此，「樂齡友善社區門市」主動提供居服員一方休憩空間，讓他們在工作空檔可隨時走進門市，喝杯咖啡、歇歇腿，讓身心獲得紓解，下一位服務個案也可獲得完善的照顧，進而達到社會共好的目的。

幸福三部曲：樂齡建築園區，提供頂級照護

　　科技、醫療持續進步，帶領世界邁入高齡化時代，長照成為社會新趨勢，即使台灣國人的平均餘命屢創新高，但是從臥床到離世這段不健康的日子，平均竟長達 7.6 年。「所以養老之前，一定要先養生！」彭培業指出，幸福的核心價值在於「健康」，而 1946 至 1964 年出生的戰後嬰兒潮，現在年約 60 至 75 歲，他們辛苦了大半輩子，如今已屆退休年齡，相信都想要健康地度過人生最後一段路。

　　儘管如此，台灣許多護理之家、長照中心的品質良莠不齊，因此彭培業瞄準高齡者需求，決定整合土地開發、營造工程、休閒娛樂、醫療護理等產業，打造台灣首座「環境、溫泉、餐飲、醫學、護理」五合一的頂級渡假式莊園——「亞洲健康智慧園區」。

離城不離塵 銀髮族養老又養生

　　為了讓長輩住得有尊嚴，彭培業從 2011 年起就走訪日本、加拿大、歐美各國，向當地的照護機構取經。他發現，銀髮族真正需要的是「舒適生活」，舉凡溫暖日照、新鮮空氣、健康餐飲、智慧醫療，遠比在鬧區裡逛街購物來得更重要。因此，亞洲健康智慧園區不在台北市，而是座落於新竹關西，這裡經年氣候宜人、陽光充足、空氣品質良好，園區周圍坐擁山巒疊翠，還闢有頂級純淨的碳酸氫鈉溫泉，長輩住在這裡「離城、不離塵」，每天都能沐浴在森林當中，盡情與大自然共生，享受屬於自己的退

休時光。

「這裡是『銀髮族的香格里拉』，讓長輩不再感受黃昏將至，而是迎接人生的二次美好！」彭培業說，亞洲健康智慧園區除了有飯店等級的居住空間，也將全面綠化，一年四季都有繁花盛開，人均綠地可高達六坪以上。不僅如此，園區內全時段播放悅耳的音樂，提供療癒溫暖的溫泉設施，讓銀髮族可以舒緩壓力、活絡筋骨，進一步預防疾病，延緩失智症的發生。

環境健康，人就會健康。包含飲食、醫療、照護等各項獨居長者所需要的服務，當然也一應俱全。園區內有二十座溫室植栽蔬果，每天由專屬營養師調配時令菜單，提供營養健康的餐點；專業門診提供優質的醫療服務，也有護理團隊負責照顧及復健，讓長者安心養病，享受有尊嚴的老後生活。

幸福番外篇：修繕房屋行善團，幫助弱勢入新厝

有些人認為，房屋是投資的商品；有些人認為，房屋是保值的物件；對社會角落的弱勢族群來說，房屋是遮風擋雨的住所，更是安身立命的所在。如果房子破了、舊了，屋漏偏逢連夜雨，卻沒有預算可以修繕，那該如何是好？這時候，就是台灣房屋的「修繕房屋行善團」出任務的時刻。

新竹縣五峰鄉的夏奶奶，是社會局提報的極弱勢家庭成員，她和家人住在一間用鐵皮搭建、木板簡易隔間的房子裡，臥室、廚房、浴室非常簡陋，臥室裡甚至連床都沒有，一家人只能睡在紙箱鋪成的床墊上。夏奶奶的先生和兒子已經過世，雖然仍有三位子女，但家中並沒有穩定的收入來源，加上自己年近七十，僅能仰賴社會補助款和賣菜的微薄收入維生，平時除了生活開銷，她還得定期就醫和復健。對夏奶奶而言，當最基本的溫飽都成為奢望，何來費用和餘力整修房子呢？

「修繕房屋行善團」是台灣房屋同仁自發組成的關懷團體，他們心疼夏老奶奶的處境，遠赴五峰鄉免費幫忙修繕房屋，在短短 21 天內就完成木工、泥作、水電等工程，改善了房子進風漏雨的狀況，也幫浴室的門牆重新加固，臥室裡更添購了新的床鋪和棉被。就這樣，夏奶奶全家終於可以一圓「入新厝」的夢想，更能安心過個好年。「以前只要下大雨，這個房子就會到處漏水，真的很感謝台灣房屋，讓我們有一個全新的家！」夏奶奶高興地說，終於可以不必再穿著大外套席地而睡，原來幸福可以如此簡單，如此美好。

為了夏奶奶接下來的生計，「友善健康農場」團隊還將有機種植農法傳授給她，並提出契作計畫，以保證價格收購她栽種的農作物。這麼一來，夏奶奶可以靠自己的力量創造穩定收入，也間接落實友善環境、食安健康的理念，如此良善的行動，在偏鄉點亮希望的燈光。

服務做到極致 就是一種藝術

這些動人的故事讓我們瞭解：台灣房屋雖然是房仲業，卻不只追求成交帶來的業績，更希望取之於社會、用之於社會，憑藉專業能力幫助弱勢家庭，為他們打造安全的住所。「把服務做到極致，就是一種藝術！」彭培業不只是房仲業經營者，更是一位充滿善念、幹勁十足的創意家，他不但為客戶服務、為員工著想，更關注社會脈動，期望與環境結下善緣，為下一代創造美好未來。他經常勉勵同仁，當看見一個需要被解決的問題，就算心中只有 49% 的把握，也應該拿出 100% 的行動力，只要持續努力，必然能夠邁向成功。

只要心中懷有追求幸福的信念，你我都能成為一顆顆種子，在台灣這塊土地上傳遞幸福，讓更多人溫暖相愛、共同成長，在永續的道路上攜

「修繕房屋行善團」是台灣房屋同仁自發組成的關懷團體，遠赴五峰鄉免費幫忙夏老奶奶修繕房屋，在短短21天內就完成木工、泥作、水電等工程。

台灣房屋率業界之先，斥資六十億打造亞洲健康園區。

手前進。從事不動產事業長達近 40 年的台灣房屋，堅持懷有「很高興和您成為一家人」的初衷，採取「永遠照顧台灣一家人」的行動，提供充滿創意、超越房地產領域的服務——未來，台灣房屋將持續奏響「幸福三部曲」，運用企業獨有的能力與智慧，提出跨時代的解決方案，為地球播下名為「健康」的種子，給予幸福全新的定義。

台灣房屋小檔案

　　台灣房屋創立於 1985 年，長年倡議 ESG：環境保護（Environment）、社會責任（Social）和公司治理（Governance），從解決氣候變遷、食安危機、人口變化等三大問題切入，分別提出「永續植育，植樹造林」、「友善土地，回饋社會」以及「樂齡住宅，頂級照護」等具體行動，不僅達到減碳效益、環境永續，更落實超越房仲產業的 ESG 創新概念。因應新冠肺炎疫情，台灣房屋集團實施多項防疫相關福利，2021 年再度蟬聯桃園市金牌企業卓越獎的「好福企獎」，成為唯一連續獲獎的服務業，可說是房仲業的幸福楷模。

致勝法則 **4** 利他共贏

永續價值
用信賴改變世界

美商台灣明尼蘇達礦業製造
股份有限公司（3M）

節能減碳議題當道，然而，早在 1975 年，美商 3M 就已展開汙染防制有回報計畫（Pollution, Prevention, Pays，簡稱 3P 計畫）近 50 年來，腳踏實地的執行減廢及減碳行動，成為友善地球環境的先驅者，而 3M 台灣也遵循原則，活用自家的創新產品，更不吝於將「撇步」分享給其他企業……

3M 是你我都很熟悉的品牌,有著簡單易懂的 LOGO,然而 3M 的產品可一點也不簡單,從床上的枕頭、水龍頭用的省水閥、洗碗的菜瓜布、擦地的拖把,到辦公桌上的便條紙、醫藥箱裡的 ok 繃、透氣膠帶,還有能過濾雜質的淨水器、過濾髒空氣的靜電空氣濾網……幾乎每戶人家中都找得到 3M 多元便利且品質優異的產品。

3M 全名為明尼蘇達礦業製造公司(Minnesota Mining and Manufacturing Company),大家朗朗上口的 3M 即為此名稱的縮寫。1902 年,5 個年輕人在美國明尼蘇達州的雙港市攜手創立了 3M,這 5 個成員包含兩位鐵路員工、一名醫生、一名律師還有一位是肉販,每人出資一千美元,從開採礦砂的小企業開始做起,後來轉型成為製造砂紙的公司。創業初期,3M 也曾遭遇經營危機,直到 1914 年推出的獨家產品——Three-M-Ite™ 研磨砂布,就此站穩了腳步,逐漸打造成全球化經營的大型事業體。

深耕台灣半世紀、在桃園落地生根的 3M 台灣子公司,發展步伐持續前進。

深耕半世紀 用科技愛台灣

1951 年，3M 首度跨出美國本土，直接投資海外子公司。1969 年，3M 正式進入台灣市場，在台北設立辦公室，接著又在台中、高雄成立業務聯絡處；1992 年，3M 在桃園成立楊梅廠，專門生產多元化的產品，就近服務台灣的在地消費族群，2005 年在台南科學園區成立了光學增亮膜系列產品的產線，2012 年繼續投資桃園，在楊梅廠區內興建 3M 創新技術中心。更在早期落腳桃園之初就在大園區打造物流中心。3M 在台灣默默耕耘超過半世紀，不僅為當地提供工作機會，更扮演領頭羊角色，將大型國際企業關注環境永續、友善地球的經營信念與做法帶入台灣。

「3M 公司董事長兼首席執行官邁克·羅曼（Mike Roman）說過，3M 正積極採取行動，加速減少碳排放和用水量，並改善製程中排出的水質。3M 一直秉持以科技改善生活的信念，用更清潔的空氣、更好的水質和更少的廢料，協助打造美好世界，而這也是 3M 台灣守護地球的方向。」3M 楊梅廠總廠長姜泰吉表示，早在 1975 年 3M 就展開 3P 污染防治有回報計畫（英文為 Pollution Prevention Pays，簡稱 3P 計畫），而 3M 台灣推進綠色永續也不落人後，近幾年在台大力推行 3P 計畫，並交出亮眼成績。

「以 3M 台灣為例，從 2019 年迄今總共展開 62 個 3P 項目，共計減少 8,213 公噸的廢氣排放、61,000 公噸的水資源浪費、1,732 公噸的廢棄物，累積減少將近 12,000 公噸的溫室氣體排放。」姜泰吉說，3M 台灣之所以能在短短兩年多的時間就有這樣的成效，都是透過不斷改善生產流程、提升製程品質效率及優化能源效率、落實資源再利用才能做到，是 3M 台灣從上到下一起努力的成果，並且從「循環經濟」、「氣候變遷」與「社區服務」三大面向切入。

愛物惜物 落實循環經濟

「以循環經濟來說,3M 從設計源頭就想到循環經濟的解決方案,以更少的耗材創造更大的價值,讓新產品都能在永續價值上給予承諾。」姜泰吉舉例,3M 台灣在 2021 年舉辦企業內部的惜福品特賣會,由於 3M 寢具系列產品所使用的化學纖維是可水洗的,又有物理防蟎的特性,因此 3M 特別將賣場等通路陳列、包裝上有損傷但未經使用的展示品清洗整理後,分批次捐贈含冬被、夏被、枕頭、睡袋等共計市價新台幣 50 萬元的寢具給浩然敬老院、陽明教養院、圓通居及北市街友服務中心等單位。「以往這些陳列展示品都面臨報廢的命運,但其實商品都是完好可使用的,透過惜福品的流通,協助改善弱勢族群的生活品質,同時也是讓有價值的產品能繼續溫暖每個人,同時,3M 台灣也捐贈近三千枚保暖口罩給萬華社福中心,讓社工在冬天騎車進行家戶訪視時能抵擋寒風,給予溫暖訪視的同時也要溫暖自己。」

氣候變遷方面,3M 除了提高能源效率、減少溫室氣體排放絕對量外,也積極協助客戶減少二氧化碳排放,自己更是以身作則。「楊梅廠區的建設就是秉持環境永續精神而設計,廠區內研發中心是 3M 亞太區第一座綠建築設施,曾榮獲台灣鑽石級綠建築標章認證。楊梅研發中心占地面積 300 坪,地上 4 層的建築物,完全採用講究環保的建材,可成功達到 30% 以上的節能減碳成果,並搭配運用 30 多項的 3M 相關產品,除了加速提升節能減碳成果,也展現了 3M 研發中心的出色設計理念和創意產品。此外在建築概念上符合桃園當地的氣候特色,設有雨撲滿、地下蓄水池、生態池等來留住並善用水資源,像是回收雨水來澆灌草皮或沖洗廁所,而 3M 工廠生產線更運用『生物薄膜反應處理系統(MBR)』,將製程中產生的廢水回收,再利用的比例高達 85%,比國內工業用水平均回收率 69.8% 來得高,除了水之外,廠區內使用綠能,設置風力發電站供給廠區部分電源。」

走進社區　分享環境永續教育

　　而在社區服務層面上，3M台灣更是投入許多心力，從水資源、節能減碳、環境永續等議題，想出不少讓人眼睛為之一亮的點子。「多年來，我們運用創意構思出許多與社區互動、讓孩子珍惜資源，進一步落實環境教育的活動。」3M台灣品牌暨溝通辦公室馮慧君總監表示。

　　先從與民生息息相關的水資源談起。根據水利署的資料顯示，台灣平均年降雨量雖達 2500 毫米，但因為降雨集中豐水期，加上地形陡峻水資源蓄存不易，又因人口稠密，換算成每人每年能分配降雨量僅有 4000 噸，不到世界平均值的 5 分之 1。」而 2020 年環境可持續指數（Environmental

姜泰吉總廠長說，3M台灣不斷改善生產流程、提升製程品質效率及優化能源效率、落實資源再利用，矢志成為友善地球的企業。

Sustainability Index，ESI）的評比，台灣為全球 146 個國家中第 18 位缺水國家，點出台灣缺水問題幾乎與撒哈拉地區的國家一樣險峻。

馮慧君說，留住水資源向來是 3M 最關注的議題，不僅設計出各式各樣提供家庭或企業省水產品，更想出許多省水活動與民眾互動。

「雖然，桃園有世界最多的埤塘，照理說水資源應該豐沛無虞，但曾經歷過石門水庫原水濁度高必須限水、以及石門水庫乾涸缺水的窘況，3M 台灣深耕桃園多年，有鑑於水資源對地球的重要性，3M 台灣早在 2010 年起，就與桃園攜手舉辦『百年水學堂』了。」

活動中規劃「水狀元知識擂台賽」，透過線上測驗有獎徵答方式，教導孩子簡單的水質檢測、節水常識、水資源的重要性，省水觀念從小扎根，再把知識帶回家。除了鼓勵學童參與，還舉辦「水資源創意教學獎」的教案徵選活動，選出優秀的水資源課程，讓水資源教育從小紮根，畢竟水是地球最重要的元素，為孩子建立正確的觀念才能做到與環境永續、與地球共生。

用好點子 啟發民眾愛水惜水的心

而 3M 台灣珍惜水資源的活動不只於此，團隊還曾在網路發起「半桶水省水大募集」活動，網羅網友的省水妙招，藉此提升民眾的用水智慧。由於台灣自來水收費低廉，曾有學者示警，若依照目前全球浪費水資源情況來看，到了 2025 年每 2 人就會有 1 人面臨缺水危機，即便各界大聲疾呼，但台灣民眾的用水習慣仍有很大的進步空間。「『半桶水省水大募集』發起後，許多民眾紛紛透過 3M 的省水設備，貢獻出許多有創意又實用的省水妙招，並將省下的水捐給需要幫助的地區。2017 年的半桶水募集活動，就將省下的水資源捐給位於桃園復興區的長興國小。由於長興國小地處偏

3M 團隊發起的「半桶水省水大募集」活動，網羅網友的省水妙招，創新點子頗受好評。

遠，屬非自來水供應區，每當進入冬季乾旱期，就立即面臨無水可用的困境，透過活動幫助他們度過缺水期，也凸顯了台灣尚有許多水源缺乏的地區值得關注。」

另外，大家都聽過的「飢餓三十」，3M 台灣則構思了別出心裁的「水極限活動」。為了響應世界水資源日 20 周年，特地舉辦千人體驗用 101 毫升的水源持續 12 個小時的活動，藉此呼籲大眾有水當思無水之苦，應珍惜台灣乾淨的水資源。水極限活動吸引了不同年齡層的民眾共襄盛舉，不少人攜家帶眷、一家三代共同參與，真正從體驗了從生活教育傳承下一代的精神。

姜泰吉分享，除了省水之外，3M 更加擴大愛地球的決心，連飲食都能節能減碳。「我們從 3M 楊梅廠的員工團膳餐廳廚房開始做起，所供應的團膳皆符合各項低碳飲食原則，像是採購桃園當季及在地生產的食物，

3M 商品琳瑯滿目、運用科技讓你我生活更美好。

減少購買冷藏空運的進口蔬果與肉類，避免增加運輸上的碳足跡，即使外表不討喜的蔬果也可以做出美味料理，菜單主打低油、低鹽、低糖的輕食烹調方式，精控食材準備量以避免浪費，廚餘也會做好分類及回收，此外，員工餐廳裡也力行減塑。姜泰吉說，低碳廚房推出後大受好評，不但幫地球減碳降溫，也為員工健康把關，更可為地球降溫，一舉數得，3M 楊梅廠員工餐廳也是經桃園市政府認可、當時是全國第一家「低碳健康廚房」的團膳廚房，希望透過 3M 公司的積極投入，能夠影響更多的企業一起加入低碳廚房的行列。」

鎮守防疫第一線 展現利他共贏真加值

正當 3M 關懷地球資源的腳步持續向前邁進的同時，2020 年爆發的新冠肺炎，讓向來是全球醫療防護產品最大製造商的 3M，義無反顧地堅守防疫第一線。「許多與醫療、空氣濾淨、個人防護等息息相關的產品都是由 3M 生產，為了供應全球所需，3M 產線連續 7 天、24 小時加開產能以便讓全球民眾都能取得防疫所需的口罩、防護衣等裝備，除此之外，3M 也捐贈了大量的呼吸器、口罩、乾洗手液等防疫產品給第一線醫護單位。」

姜泰吉總廠長表示，2020 年起全球受到疫情衝擊，第一線醫護人員的個人防護裝備需求大增。3M 的產品矢志以科學改善生活，在病毒席捲全世界的同時，3M 快速應變，透過生產線的調整、大數據資料分析等方式加速產能，光是 2020 年美國本土的 N95 月產量就比 2019 年高出數倍。

姜泰吉總廠長說，為了生產防疫物資，3M 全球產線全開，疫情期間需求最大的 N95 口罩的產線在中國上海，台灣則負責生產高效能靜電空氣濾網。「位於上海的醫用防護口罩生產基地壓力很大，從人工、設備、原料、生產安全及防疫保障等多個環節，進行每日嚴格審核，以管控潛在風險。為了守護一線醫護人員，3M 產線在疫情期間未曾按下暫定鍵，上海

生產基地的員工在上海封控期間，採『兩點一線』的特殊閉環模式，同仁每天來回於飯店與工廠『兩點』之間，讓產線維持正常運作；雖然非常時期產線壓力大，但公司仍將員工身體健康放在第一線，工時合理、員工都能有充足睡眠及運動量，若員工需要慢性病藥物，公司也立刻安排綠色通道讓員工獲得藥物。畢竟，有健康的員工，產線才能正常運作。」姜泰吉說，因著 3M 員工強烈的使命感，在疫情爆發初期堅守崗位，守住了大中華區、亞洲地區甚至是全世界的醫療後盾，讓口罩、防護衣及消毒液等物資不致缺乏。

而馮慧君也分享一段發生在疫情爆發時的小故事。「在疫情風暴下，我們想到學校的孩子們更需要受到保護。因此，疫情爆發初期，我們就主動捐贈 1 萬片 3M 靜電空氣濾網及所需的空氣清淨機給小學，協助加強教室內空氣流通循環，有效淨化空氣品質，為學童健康多一層把關。」根據美國環境保護署（EPA）的報告指出，室內空氣汙染程度通常比室外空氣高出 2 到 5 倍，若室內空氣不流通與人口密集，會使空氣污染更加嚴重，建議多使用冷氣、清淨機、除濕機等室內循環設備並加裝靜電濾網，以確保室內空氣品質。而 3M 靜電空氣濾網採用與 N95 口罩類似的靜電原理，也通過美國肺臟協會（ALA）與美國過敏協會（AAFA）的認證，安裝在既有的空氣循環設備上就可淨化室內的空氣品質，就好比室內的口罩一樣，在病毒肆虐時期，不必花大錢更新家中過濾設備，使用空氣濾網就能提升家中防護等級，也成為人們防疫必需品。

3M 除了生產多元化的產品促進人們的生活更加便利美好，自 1975年就展開的 3P 污染防治有回報計畫，更可視為是推進綠色永續的先驅，並且在數十年後的今天交出了亮眼成績，當初那顆友善地球小小種子，如今已長成大樹。在 2022 年 4 月的世界地球日，3M 再提出遠大的環保目標，承諾將在 5 年內讓石油製成的塑料依賴性大幅降低，使用循環利用的成分、生物基塑料或減少總體塑料用量，再透過創新產品和新包裝設計，由 3M

帶頭來幫助推動全球循環經濟。

　　3M 在台灣這片土地上落地生根，半世紀以來，3M 台灣的發展步伐持續前進，研發領域從消費產品，涵蓋至數位、能源、環境、醫療、安全，真正落實了「以科技改善生活」的理念，不僅如

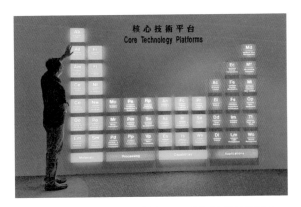

這面牆上列出 46 類的核心技術，3M 運用這些技術組合、開發了近六萬多種產品。

此，3M 台灣也肩負起建置基礎建設的重責大任，不僅是提供電信電力設備的企業之一，也投入紡織、光學材料、半導體、能源產業等領域，以協助台灣技術升級，對台灣產業發展不遺餘力，也顯示出台灣是 3M 極為重視的海外市場。放眼全球、立足台灣、展望未來，3M 將繼續挹注資源、深耕台灣，為台灣厚植國際競爭力。

3M 小檔案

　　3M 在台灣始於 1969 年，從初創時期的 15 名員工逐步茁壯擴大至現今逾千人的規模，在製造、研發、業務行銷等不同領域提供顧客服務，在台銷售超過 30,000 種商品。3M 致力於整合並應用科學以改善更美好的生活，與遍及全球各地的顧客並肩同進，滿足客戶各式各樣的需求。

WISDOM IN COMBAT

致勝法則 **5** 以簡馭繁

讓繁瑣變得簡單，為客戶簡化難題打造崛起先機！

致茂電子股份有限公司

聚紡股份有限公司

致勝法則 **5** 以簡馭繁

豐厚研發能量
為客戶提解方

致茂電子股份有限公司

致茂電子董事長黃欽明認為，要滿足世界第一級客戶的需求，創新技術與提升高附加價值自是不可少，更要具備洞察市場趨勢的能力，在客戶的商品量產前能提供最佳方案，讓客戶在研發端就將致茂納入製程的關鍵環節，才是長治久安的經營之道⋯⋯

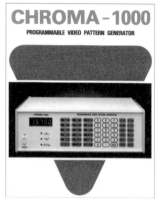

右圖的 Chroma 100 是全台灣第一台自產的高階量測儀器。也是致茂的創業代表作。
左圖為當年第二代產品 Chroma 1000 的文宣。

　　至今，致茂電子已榮獲美國知名商業雜誌《富比世》評選為亞洲 200
大營收逾 10 億美元企業、亞洲知名財經雜誌《FinanceAsia》評為「最
佳中型企業」與「最佳管理企業」等多項殊榮，儼然已是全球量測儀器的
領導品牌。這家由四個交大高材生白手起家的公司，是如何取得如此傲人
的成就？

　　談起致茂電子這段堪稱「傳奇」的創業之路，就一定要提到黃欽明與
三個交大同班同學。「我們這幾個大學死黨，畢業後當完兵就陸續投入職
場奮鬥，當吃人家頭路、領固定薪水的上班族；或許是初生之犢不畏虎，
加上當時台灣的創業風氣正盛，尤其是交大幫有不少學長、同學走上創業
路，對我們幾個來說，心裡都有著出去闖一闖的夢想與熱情。」黃欽明回
憶著。

四個諸葛亮　共圓創業夢

　　1982 年，他和死黨們湊了新台幣 50 萬元，成立可懋貿易公司，專營

電子零件販售為主，但開業短短一年多就遇到石油危機，全球經濟蕭條，
負責業務銷售的黃欽明最有感。眼見電子零件貿易生意不好推展，他轉念
想到創業前在飛利浦擔任零件銷售工作經驗。「當時國內有幾家公司做音
響專用的量測儀器，是我的客戶，跑業務時我發現這些專做基礎量測儀器
的公司規模都不大，但無論市場景氣是否低迷，這些公司的營運都不受影
響，日子過得滿愜意的。」黃欽明幽默地說。

確實如黃欽明所見，電子產業量測儀器向來是電子產業的必需品，
業績不受到景氣影響，因此黃欽明萌生將公司營運主力轉為量測儀器的想
法，不過，又該鎖定哪一類產品的量測儀器呢？黃欽明觀察到，80 年代正
逢個人電腦逐漸興起，隨之帶動市場對顯示器的需求量，從電腦使用者、
工廠產線測試站，企業內勤員工、專業人士與工程師……只要是用到電腦
的地方就會需要顯示器，顯見市場潛力無窮。而台灣原有的量測儀器公司
多半只能做較為基礎的電子器材，對於新興的個人電腦市場與其周邊設備
所需要的量測儀器，還是只能仰賴國外進口的設備。

創業作就轟動市場 驚動萬教

於是，黃欽明與同學們決定改變公司營運方針，把主力業務從電子
零件銷售，改為研發顯示器專用的視頻信號圖形產生器。「畢竟四個創業
夥伴都是交大電子工程系畢業的，研發對我們來說就是『本行』，四個人
分工合作，設定好目標，往成本低、技術性強的產品為研發標的，並且避
免台灣當時已經有的基礎量測儀器正面競爭，而以國外品牌大廠為主要勁
敵。」黃欽明說，當時高精度的量測儀器都必須購自國外，台灣沒有任何
一家廠商有能力生產，然而黃欽明認為，以台灣的技術與人才應該能夠做
出來。果然，在黃欽明與同學們集思廣益、絞盡腦汁，回憶以前學校老師
教的、參考國外技術資料……幾個交大高材生拿出看家本領，終於在 1984

年成功研發出顯示器所用的視頻信號圖形產生器,這是全台灣第一台自產的高階量測儀器。因應新產品的推出,黃欽明與創業夥伴成立了致茂電子,英文名為 Chroma,有著「多彩多姿」之意,而第一批產品就命名為「Chroma 100」。

「視頻信號圖形產生器在測試時會出現顏色的圖案,即所謂的彩度(Chroma),至於為什麼要加上『100』這個數字?不是跟滿分 100 相呼應,純粹是因為礙於資金,我們只準備了能生產 100 台的料,所以就將第一代產品命名為 Chroma 100。」

黃欽明笑著說,當時的創業四劍客都是 30 多歲的年紀,大夥兒帶著憨膽與勇氣,打算用這 100 台來試試市場水溫,想說如果這 100 台能順利賣掉,公司就可以安穩發展了。

量測儀器獲利高 但有高技術門檻限制

這 100 台視頻信號圖形產生器問世後,立刻在電子業界造成轟動。黃欽明分析,當時國內的量測儀器都仰賴進口,價格高昂,維修及售後服務必須透過代理商,而致茂的 Chroma 100 研發速度比同業快、售價更親民,準確度絲毫不輸給大廠,加上是台灣自有品牌能就近提供維修服務,使得致茂在量測儀器市場中迅速崛起,佔得先機。

Chroma 100 的推出及熱銷對黃欽明及創業夥伴來說,猶如一劑定心丸,加上當時台灣電子資訊、個人電腦產業尚在努力耕耘階段,創業者眾,市場上機會也多,初次進入量測儀器生產研發就嚐到甜頭的致茂,可說是幸運地找到正確的方向,量測儀器的獲利穩定,毛利率高,加上投入成本、材料少,全靠高技術創造出高附加價值,加上市場上的國產競品不多,更加深致茂往測試儀器開發之路邁進的信念。

致力成為世界級企業，一直是致茂成長的願景。圖為位於桃園龜山 A7 重劃區的致茂總部。

台灣自有品牌 撼動國外品牌地位

　　就在 Chroma 100 視頻信號圖形產生器推出後不久，國際間桌上型電腦的變革浪潮正風起雲湧，像是蘋果電腦推出的「蘋果二號」在台灣掀起了新趨勢、IBM 全面開放 PC 規格，讓個人電腦市場的激戰更加白熱化；與此同時，桌上型電腦的螢幕從黑白逐漸走向彩色，這場革新又讓致茂再次站上浪尖。

　　Chroma 100 銷售大成功後，致茂快馬加鞭、繼續研發第二代──Chroma 1000 視頻信號量測儀器，改良了第一代的不足之處，也能完全滿足個人電腦周邊廠商對彩色顯示器的量測需求。

致茂研發出電源供應器自動測試系統 Chroma 6000，充分滿足電源供應器量試需求，成為劃時代的指標性產品。

致茂深耕電動車量測領域多年，從電控零組件、動力電池、充電、馬達測試等，能提供完整測試解決方案。

妙語如珠的黃欽明打趣地說，Chroma 1000 之所以取為「1000」，是因為首批生產了 1000 台。「Chroma 1000 比 Chroma 100 的量測表現更出色，不僅品質與效能迎頭趕上歐美日的量測儀器，價格比日本進口的便宜一半、比美國進口便宜 3 成，一推出便吸引全台灣的顯示器大廠搶著下單，硬是把歐美日等競品擠出台灣市場，可說是打遍天下無敵手，讓致茂在量測市場獲得優良口碑。Chroma 1000 在三年內就賣出 2600 台的好成績，更讓致茂立定志向，要在量測市場上持續耕耘，立志成為傲視國際的品牌。」

Chroma 100 與 Chroma 1000 的接連成功，讓致茂打下穩固的基礎，不過致茂沒有停下腳步，反而更加積極地投入新產品的研發。

黃欽明深知，量測儀器的產品特性就是少量多樣，不像電腦一賣就是

幾萬台，雖說量測儀器毛利不錯，但致茂不能就此志得意滿，必須持續研發創新商品，要用更多元多樣的商品來滿足市場需求、擴大營業額，否則致茂電子的規模勢必難以做大，只要有其他的企業搶攻市場，追兵後來居上，難保致茂不會成為消失在沙灘上的前浪。

個人電腦風行 趁勢挺進電源供應器領域

Chroma 1000 一炮而紅後，黃欽明緊接著思考致茂的第二條產品線該做些什麼？在黃欽明心中，他認為下一條產線必須具備「立足台灣、放眼世界」的特性，然而，想要放眼世界，首要條件就是產品品質要夠好，規格及性能必須符合全球市場的需求。

黃欽明分析，隨著個人電腦興起，除了致茂已經推出的視頻信號圖形產生器可滿足顯示器廠商的量測需求，在電腦相關周邊裡還有什麼東西可以創造市場價值？黃欽明仔細鑽研後，鎖定了電源供應器。

電源供應器是個人電腦重要的動力來源，沒有電力萬萬不能，而個人電腦使用的電源供應器與傳統小家電最大的不同，小家電要求電源的純淨度高、雜訊小，使用的是「線性電源供應器」；個人電腦講求轉換效率，須採用「交換式電源供應器」，對於許多原本生產線性電源供應器的廠商來說，交換式電源供應器是全新領域，在量測儀器也需採用更高階的機種，才能在產線測試上做得精準到位。

黃欽明認為，當時的時空背景下，全世界都瘋搶個人電腦市場，相關的電源供應器量測儀器需求必定大增，這就是能「立足台灣、放眼世界」商品啊！

設定目標後，致茂電子全力研發適合電腦電源供應器的量測儀器、再跨足電源供應器裡的被動元件量測市場，致茂一旦嗅出市場需求，就能以

快速靈敏的研發能力即時反應，在客戶有量測需求之前，致茂已預先設想好了，就能在關鍵時刻為客戶送上最適用、最合宜的量測儀器。不過，致茂的客戶都是技術本位的專家，對於量測儀器的軟硬體設計、精準度等要求十分挑剔，想要贏得他們的認同與信賴，難度很高。而致茂憑藉著出色的研發實力，在市場上快速崛起，短短十年內光靠著顯示器及電源供應器兩大領域的測試服務，已經成為電腦相關廠商中耳熟能詳的量測儀器首選品牌。

半導體產業的最佳盟友

創業第一個十年，致茂電子在顯示器與電源供應器量測市場上大有斬獲後；第二個十年，致茂的發展腳步更是深具遠見，一舉挺進半導體市場。當時台灣的半導體產業仍處於摸索突破期，不過致茂已經超前部署、深入半導體晶片的測試應用領域，成為半導體產業不可或缺的最佳盟友。

當年，半導體製程及測試技術仍仰賴國外大廠的技術，台灣扮演代工角色，擁有龐大的產能，然半導體產業對於量測的精準度的要求極為嚴苛，為了能盡速掌握半導體所需的關鍵技術，致茂積極地尋求經濟部、工研院、資策會等產官學界的力量，攜手合作。經過多年奮鬥，台灣的半導體產業已然成為傲視全球的霸主，而致茂也隨之成長，提供業界全方位的消費型晶片、電源管理晶片、射頻晶片及特定領域等測試服務，在半導體市場再度攻下一城、奠定了不可磨滅的地位。

事業版圖發展暢旺的致茂，進入第三個十年後，窺見國際間環保永續的意識已成為顯學，於是將各類測試服務的關鍵技術皆融入綠色環保概念，推出完整的潔淨科技測量解決方案，一舉跨足太陽能、LED、電動車及電池等綠能應用領域。

統包解決方案 以簡馭繁

　　而致茂也善用「以簡馭繁」的智慧,除了本身專精的量測技術外,更整合了自動化機械、工廠製造資訊系統（Manufacturing Execution System, MES）,歸納出「統包解決方案（Turnkey Solution）」,真正能為客戶解決問題。以 LED 燈泡工廠為例,隨著省電、壽命長的 LED 照明技術越來越普及化,需求日增,許多企業紛紛加入戰場,但 LED 產線往往需要大量的作業人力組裝,台商人資成本高,自然難敵人資低廉的中國。2013 年,致茂率先為南亞光電打造全球第一條 LED 燈泡全自動組裝測試生產線,僅需 18 名員工就能使產線運作順暢,每月產能高達 40 萬顆燈泡,就是透過致茂提供的統包解決方案為客戶省下可觀的費用、增加產品競爭力。

半導體產業被視為護國神山,而專精於量測領域的致茂則是臺灣精密產業的後盾。

致茂深耕量測技術，攻入精密電子、顯示器、被動元件、IC 半導體及電動車能源產業等領域。

回顧致茂的發展歷程，從創業初期的顯示器量測儀器起家，到電源供應器及相關被動元件，再拓展至半導體、光電綠能甚至跨足生醫市場，在最熱板塊上致茂都能迅速插旗、鞏固市場，在全球顯示器及電源供應器量測儀器的市占率高達九成，已成為市場領導者，而致茂創業以來秉持少量多樣的營運模式，創業將近 40 年的歷史，光是量測儀器就有 45 條產品線、6 百多種機型，正因為卓越的研發量能，讓致茂能提前布局至多項跨領域產業，即使在全球市場景氣波動下，仍能勝券在握、安然避險，甚至在 2020 年疫情延燒全球的同時，致茂也及時推出「全自動核酸萃取暨 PCR 自動分注系統」，整合核酸萃取與精密移液的功能，從樣品到 PCR 反應盤採一站式系統，不僅大幅簡化了操作時間，同時兼顧高度自動化，提高精準測試度，並能減少人員感染的風險，在疫情中適時為台灣的檢驗量能給予一份助力。

大數據時代 致茂已做好準備

如今，致茂進入第四個十年，隨著工業 4.0 的浪潮興起，致茂將深耕

多年的電子量測技術、製造資訊系統、智動化等三大主要核心技術發揚光大，整合了多年來量測設備所收集到的大數據資料，成為客戶部署智慧化產線的可靠根據。目前致茂累積近 100 項創新核心技術，並取得全球共1,206 件專利，是台灣精密電子量測產業中擁有最多專利的企業，而黃欽明更認為，積極發展世界級產品、致力成為世界級企業，一直是致茂成長邁進的願景，如何滿足世界第一級客戶的需求，創新技術與提升高附加價值自是不可少，更要具備洞察市場趨勢的能力，在客戶的商品量產前能提供最佳方案，讓客戶在研發端就將致茂納入製程的關鍵環節，才是長治久安的經營之道。

致茂做到了「立足台灣、放眼世界」的目標及願景，而黃欽明對於扶植下一個世代也不遺餘力。正所謂「量測為工業指標，儀器為工業之母」，為鼓勵年輕學子投入精密量測的應用研發領域，2022 年致茂電子首次主辦第一屆「致茂精密機械與量測技術論文獎」，邀請工研院量測技術發展中心及業界先進擔任評審，論文獎旨在培育優秀精密機械與量測技術優秀人才，帶動整體科技產業發展，更能為台灣各領域產業培植堅實的基礎科學後盾。

致茂電子小檔案

致茂電子成立於 1984 年，以自有品牌「Chroma」行銷全球，為精密電子量測儀器、自動化測試系統、智慧製造系統與全方位量測 & 自動化 Turnkey 解決方案領導廠商，主要市場應用包括電動車、綠能電池、LED、太陽能、半導體 /IC、光子學、平面顯示器、視頻與色彩、電力電子、被動元件、電氣安規、熱電溫控、自動光學檢測、智慧製造系統、潔淨科技、與智慧工廠領域。致茂營運據點遍佈歐、美、日、韓、中國及東南亞，以創新的技術提供顧客更高的附加價值與服務滿足客戶的需求，並致力成為世界級的企業。

致勝法則 **5** **以簡馭繁**

快步革新
躍進綠色智能時代

聚紡股份有限公司

面臨全球暖化和氣候變遷，節能減碳已經成為國際趨勢，過去被認為是「污染源」的紡織業，也紛紛轉戰以環保為訴求的機能性紡織品。全球最大的透濕防水布料代加工廠「聚紡」責無旁貸，從產品材料到生產製程，都融入綠色製造與循環經濟的概念，不僅友善環境，更帶領消費者快步進入綠色智能時代！

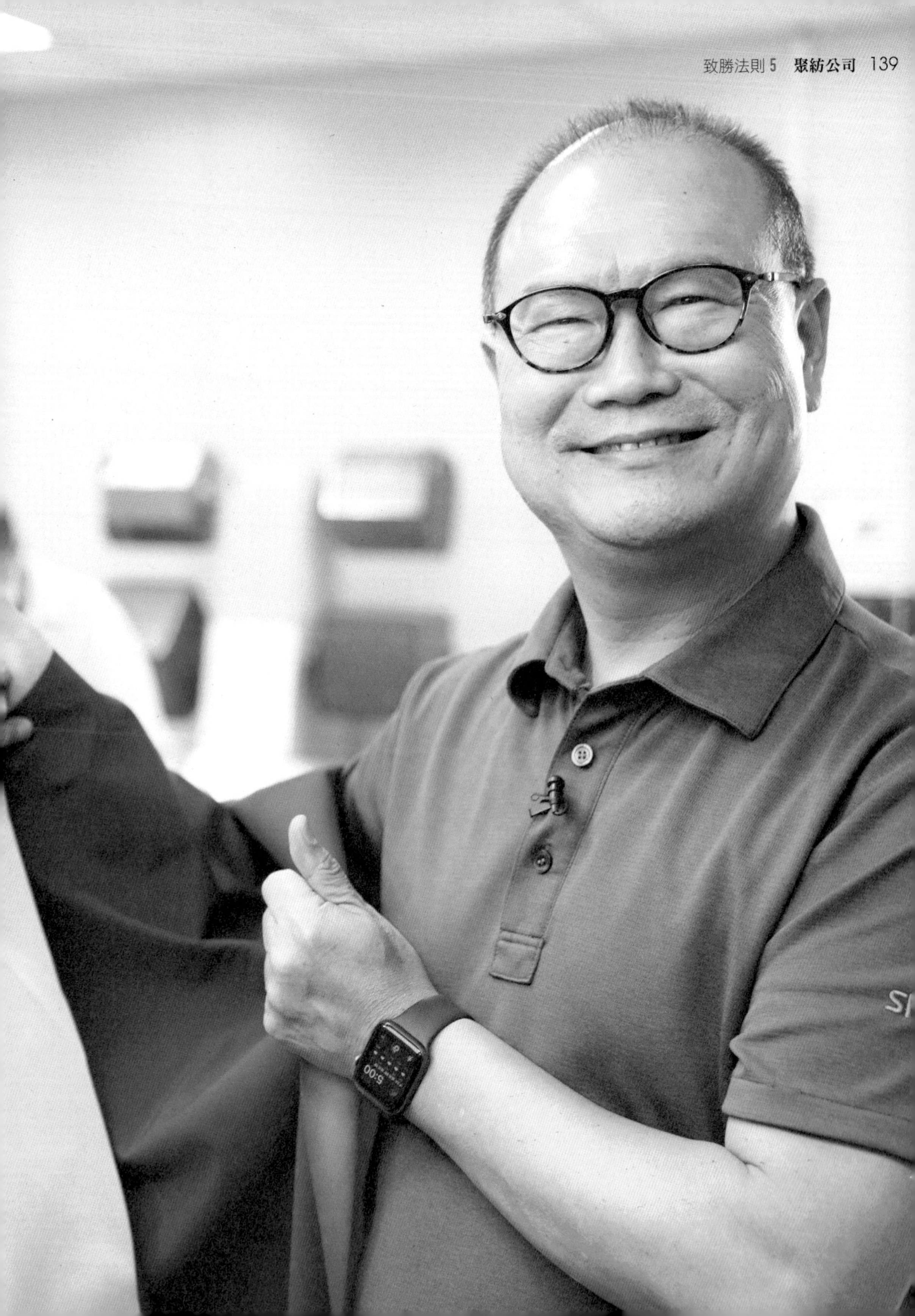

一件衣服的誕生，要經過多少工序？

首先，要將石化原料製成尼龍纖維、聚酯纖維、嫘縈纖維、碳纖維等各種人造纖維產品，接著經過紡紗、織造、染整的步驟，將紗線編織成布，再將布織品送往下游廠商，進行後端的加工處理。從布料到衣服，還得經過打樣、裁剪、車線、縫合、整燙……衣服款式不同，工序也大不相同。

也許你早已知道，現今紡織產業趨於成熟，加上快時尚風潮席捲全球，平價服飾品牌如雨後春筍林立，每一季都推陳出新，衣服變得價格便宜又充滿設計感，加上電商通路發達，隨手一點就能買到衣服掛進衣櫃，一切早已變得不費吹灰之力。對現在的消費者來說，衣服過季了就等著淘汰，丟掉似乎也不覺得可惜——總之，衣服變成穿過一季就可以換掉的東西。

但也許你不知道，紡織業造成的環境污染，僅次於石油業。從設計、生產、製造、運輸、零售，牽涉到的供應鏈既多又複雜，碳足跡高得驚人；如果成衣的材質複雜得難以回收，就只能送進焚化爐或垃圾掩埋場，就算放進舊衣回收箱，也未必能夠送到真正需要的人手上；若沒有在製程上做好控管，也沒有善盡回收工作，無形中不僅造成了資源浪費，對於環境也會形成極大負擔。

節能減碳、綠色永續早已不是新課題，對於聚紡來說，「環保」絕不能只是一句口號。

機能性布料加工技術卓越 深受國際品牌青睞

位於桃園觀音的聚紡，長年專注機能性布料加工技術，是全台灣第一家具有「防水透濕微多孔塗布加工」技術的公司，其自創膜材「G-Tex」具備透濕、防水、防風、抗菌、防霉、抗UV等功能，可廣泛用於製造風衣、雪衣、獵裝、釣魚裝及各類機能休閒服飾，深受國際知名戶外或運動品牌

青睞。不僅如此，聚紡更跨足軍警制服和醫療防護領域，在紡織加工界成為戶外休閒和防護科技的領導者，不但躍升為全球最大的防水透濕布料專家，更是令人驕傲的台灣之光。

聚紡創辦人之一蔡秋雄先生來自雲林，畢業於亞東工專（現亞東技術學院）的綜合科之織科染整組，而後考上台灣科技大學纖維高分子系（後改名為材料科學與工程系），他在顏明雄教授的實驗室做 PU（聚氨酯）的合成反應與應用實驗，同時參與相關研究工作，畢業後再進入財團法人紡織產業綜合研究所，前後超過十年的實驗室與業界經驗，加上陳國欽董事長有著咖啡紗專業與對紡織的熱情，遂決定一起創辦工廠。

1999 年創立了聚紡，從只有一條產線、四個員工的小代工廠起家，早年業務均以外銷為主。「THE NORTH FACE、Columbia、Jack Wolfskin、NIKE、adidas，都是聚紡的客戶。」現任董事長陳國欽表示，聚紡的核心技術是製造可防水透濕的薄膜，將布料跟薄膜貼合後，能夠展現極佳的彈性和延展性，相當具有競爭力。「這樣的機能布料可以防水、透濕又透氣，水進不來，但是熱氣出得去，所以很適合用來製造運動休閒服飾。」

聚紡專注機能性布料加工技術，是全台灣第一家具有「防水透濕微多孔塗布加工」技術的公司，其自創膜材「G-Tex」深受國際知名戶外或運動品牌青睞。

聚紡廠區內導入許多永續環保的製程,讓每一吋布都能落實守護地球的使命。

　　然而,根據功能和材質等級不同,一件國際品牌運動外套要價不菲,從數千元到上萬元不等。「為什麼我們的產品這麼好,在台灣卻買不到?」聚紡長期為全球各大戶外機能衣品牌供應紡織品,確實累積了豐厚的經驗與技術,眼看優質的機能布料不斷供應給國際市場,卻無法直接讓台灣消費者使用,大嘆代工並非企業永續的長久之計。

　　因此,即使深耕代工之路多年,聚紡仍決定從代工產業跨足消費市場,於 2011 年自創品牌「GFun」,要為台灣人提供優質的機能性服飾,更不忘勉勵同仁「聚在一起做高興的事」。

潔淨能源、零廢棄製程 落實友善地球責任

在許多人的印象中，紡織業是環境的殺手。生產 1 公斤的棉花，需要耗費多達 2 萬公升的水；製作一件衣服，可能會用到數千種的化學物質，身為紡織業的一份子，聚紡深知友善地球是企業必須肩負的責任。

「我們是專業的紡織人，要在第一時間在對的環境就找到對的人，大家一起做對的事，把對的產品交到消費者手上。」陳國欽說，紡織的染整會造成淨水污染，還有大量的溫室氣體排放，跨國製造和貿易也會造成碳排放，直到消費者洗滌衣物時，也可能有極細纖維流入海洋，造成環境極大的負擔。想要扭轉紡織業是「污染源」的刻板印象，必須從製程採用潔淨能源著手。

2019 年起，聚紡全廠運用天然氣作為廠內熱源，用以取代傳統紡織產業使用的煤炭或重油，每年約可減少 4000 公噸的碳排放量。陳國欽說明，天然氣的燃燒效率高，燃燒過程中產生的碳排量僅約燃油的 65%，甚至是燃煤的一半，也幾乎不會產生硫氧化物、氮氧化物及粒狀物，是潔淨能源的最佳選擇。

此外，聚紡逐年規劃在加工產品中導入回收素材，積極邁向「零廢棄」。包含電子廠廢棄塑料、光學產業鏡片研磨後的粉末下腳料、FSC 雨林認證的水性生質乳膠，以及 USDA 認證的回收咖啡油生質樹脂等，都可以回收再利用，成為原料的 1 部分。相較於傳統溶劑型的樹脂加工技術，導入回收塑材可減少 6% 的 VOC（揮發性有機化合物）排放，並減少 13% 用碳量；導入生質回收材，則可減少 25% 用碳量，落實守護地球的企業使命。

與 2020 年相較，聚紡 2021 年 1 碼布料的加工用水量節省 32%，用電量節省 42%，熱源更節省 47%，不僅陸續獲得瑞士 bluesign 認證、瑞

士無毒環保標章 Oeko － Tex Standard 100、美國 GRS 全球回收標準認證等多項國際環保認證肯定，在在展現聚紡在環保製程上的努力。

此外，除了多年來認養觀音工業區廠邊及道路的行道樹與防風林，聚紡也在園區內種植原生植物，營造綠色工廠的多元景觀；製程方面堅持使用低污染、低溶劑的配方，並從 2014 年開始陸續佈設太陽能板，至今廠內提供太陽能用電 23.5%，並將持續努力朝向綠電發展。

衣服怎麼回收？「單一材質」是唯一解

衣服破了、舊了，或是單純不想穿了，你會怎麼做？許多人的衣櫥裡似乎永遠少一件衣服，不停添購、堆置，但 100 件裡常穿的只有 20 件，剩下的往往束之高閣。經過一、兩年，某些衣服退了流行，或是面料開始有些許破損，甚至連吊牌都還沒剪，終究面臨被丟棄的命運。

「資源回收」這四個字說來簡單，要用在衣服上卻難如登天，「因為衣服的材質組成非常複雜。」陳國欽解釋，現今的紡織品設計得比過去複雜，多半混有兩種、或兩種以上的異材質，材料組合千變萬化，因而造成丟棄後回收的困難。儘管送給舊衣回收單位是一個選項，但也並非所有衣物都能順利找到下一個主人，要是沒能遇到識貨者，恐怕都只能當作一般垃圾掩埋，或是被丟進焚化爐。談到這裡，陳國欽語重心長：「還沒有好好穿過就要被丟掉，那些衣服真的很可惜！」

但是，衣服真的無法回收嗎？聚紡認為「單一材質」是唯一解方。

「你看，這整件雪衣都是用回收寶特瓶製成的！」陳國欽拿起一件樣式簡約的外套說明，其表布是聚酯纖維，內層薄膜也是聚酯纖維，裡布也是聚酯纖維，因為整件單一材質，丟棄時可以整件 100% 回收，完全無需拆卸，就能再次變回聚酯纖維的原料，成為下一件衣服的一部分。

防水透濕的薄膜是聚紡的核心技術，將布料跟薄膜貼合後，能展現極佳的彈性和延展性。

回歸材料源頭 第一次就要做對

　　如果從設計、材料、製程、銷售、使用，直到最後被回收的階段，都能讓衣服以單一材質展開旅程，就能減少資源浪費和環境負擔，達到再生循環和永續經營——這就是「從搖籃到搖籃（Cradle to Cradle，簡稱C2C）」的精神。陳國欽強調：「Right the first time！我們堅持單一材質全回收，而且在第一次就要做對！」儘管資源回收並不是新議題，卻少有企業能夠真正實踐，而聚紡不僅重視消費者對服飾美感的需求，更願意在原料上做好源頭的把關，將環保落實在生產過程中。

　　曾有人與陳國欽分享，聚紡的衣服穿了十年都沒有壞。「這不就是環保最好的表現嗎？快時尚確實有它的吸引力，但就算是快時尚，也應該要一起做對的事。」陳國欽感嘆，喜歡好看的衣服無可厚非，精打細算撿便宜也是人之常情，但異材質服飾回收不易，帶來了無窮無盡的環境污染問

題，而這也啟發了你我更進一步思索時尚的真諦。

除了單一材質，聚紡也將製程中產生的薄膜邊角料直接回收，使其再次回到製程，透過相關技術繼續抽膜，成為下一件衣服的原料。聚紡相信，唯有減少前端垃圾、避免後端污染，並且貫徹回收流程，才能在環境永續的前提下安心獲利。未來，聚紡也期待與其他服飾品牌合作，共同開發單一材質可回收的服飾，讓每一件衣服都化為對地球的愛。

從咖啡渣到寶特瓶，對於環境永續，陳國欽心中有源源不絕的熱情。「消費者左手喝完了咖啡，我們收咖啡渣；右手喝完了寶特瓶飲料，我們回收寶特瓶！」將垃圾變黃金，不僅品牌客戶買單、消費者喜愛，製程又能友善環境，讓公司安心獲得營收，這樣社會共榮共好的黃金三角，實在令人感動。

2022 年一月，聚紡斥資 9 億元增建 1 萬 2 千坪的廠房，建置高階精密染整生產線。

根留台灣 擴廠創造新量能

2022 年，世界仍受新冠疫情衝擊使至全球經濟發展低迷，然而，聚紡大刀闊斧、斥資 9 億元增建 1 萬 2 千坪的廠房，建置高階精密染整生產線的同時，更導入工業 4.0 的物聯網、自動化、大數據管理及智慧化概念。聚紡新廠將成為集團的示範工廠，未來更會複製至海內外其他廠區，並引進綠色環保生產技術及設備、擴大現有太陽能電廠的規模，顯見集團在擴大營運、深耕台灣的同時，更善盡企業社會責任，繼續朝聯合國永續發展（SDGs）17 項目標邁進。

聚紡的大規模投資鼓舞了台灣傳統產業，讓許多考量地緣政治風險、有意將產線從國外移回台灣的企業作為參考；此外，聚紡新廠也為智慧產線及綠色工廠畫出藍圖，一般人認為紡織產業在能源及汙染上，對環境衝擊不小，而為符合國際大廠對供應商節能減碳上的要求，製程及材料皆以環保為訴求，聚紡做得到，相信其他台灣傳產也能做到。

開發防護衣 安全又舒適

2020 年，新冠肺炎疫情爆發，全球面臨醫療防疫物資短少的困境，國內防護衣、隔離衣需求大增，於是聚紡和同集團的興采紡織加入防疫國家隊，正式成為台灣衛福部指定供應商，全力支援製作防疫產品，提供各大醫療院所使用，為台灣建立起安全防護罩，也為第一線醫護人員的健康把關。

當時，聚紡參考各國醫療級檢測標準，以防水透濕塗布貼合技術為基礎，開發並生產可重複水洗的 P1 等級隔離衣、P3 等級防護衣，不僅穿著時提供良好的舒適度，接合處壓燙抗菌防滲血貼條，可成功阻擋病毒穿透，其中可重複水洗的功能，更是大幅減少醫療廢棄物的產生。

垂直整合並肩作戰 為全球提供永續方案

　　花若盛開，蝴蝶自來。「只要產品設計在源頭做對，品牌力就會源遠流長，對子孫、對地球都有交代。」陳國欽說，台灣雖是小小的島國，卻蘊含無限的技術能量，聚紡身為地球的一份子，不僅在製程上努力，也堅持保護環境，希望在追求營收之外，和消費者「聚在一起做高興的事」，才能在這個人人追求性價比的時代，播下一顆良善的種子。

　　2022 年，聚紡正式由環保機能性紡織品大廠「興采實業」收購，正式成為興采百分之百持股的子公司，將以自身的機能性塗佈、貼合等專業代工技術，使上下游關係獲得垂直整合，擴大在台灣的染整機台設備與產能，打造一條龍的環保供應鏈，成為機能服飾市場上的首選。

2020 年新冠肺炎疫情爆發，全球面臨醫療防疫物資短少的困境，聚紡加入防疫國家隊趕製防護隔離衣。

位於桃園觀音區的聚紡，建置了第一座以「機能性紡織品」為主題的觀光工廠，廠區內也使用一定比例的綠電，善盡友善地球的職責。

　　走在綠色品牌的最前端，聚紡將和興采並肩作戰，為使用者創造需求，量身定製合適的產品，給予超乎期待的服務。從機能性防水透濕布料的關鍵技術出發，結合嶄新的材料應用思維，聚紡要持續發展各式精密紡織技術，以及利於回收、廢材再利用、生質技術開發的產品，努力成為台灣和國際品牌商之間的橋樑，提供全球消費者環境永續的方案！

聚紡小檔案

　　聚紡成立於 1999 年，專精紡織防水透濕相關精密技術，是亞洲最大高階複合機能性布料貼合加工製造廠。營業項目包含乾式、濕式加工防水透濕紡織品，以及各項機能性紡織品的開發，並協助聯盟夥伴整合供應鏈研發資源，提供從生產加工到專業銷售的一條龍服務。長久以來，聚紡專注於紡織科技研發，建置高階精密染整、智慧自動化塗佈生產線，導入綠色環保生產技術及設備、自動倉儲管理系統，陸續榮獲 bluesign、Oeko-Tex 及 GRS 等國際環保機構認證。新冠疫情期間，聚紡也加入國家防疫隊，提供醫護人員可重複使用的水洗式高端隔離衣與防護衣，在回饋社會之外，也不忘為環境永續盡一份心力。

WISDOM IN COMBAT

6

刻意練習

從生疏練成精熟，淬鍊技術讓企業成為箇中翹楚！

和迅生命科學股份有限公司

日文科技股份有限公司

致勝法則 **6** 刻意練習

超前部署
細胞治療生力軍

和迅生命科學股份有限公司

當今的生命科學領域中，幹細胞生物技術一直備受關注，無論在疾病治療、免疫調節、組織修復及抗衰老等方面，都有廣泛的應用前景。位於桃園市的和迅生命科學，在創立前就已經鑽研細胞技術數十年，自 2018 年衛福部公布「特管辦法」後，迅速展現深厚實力，不僅開發多項新藥及技術，更以自身經驗提供顧問輔導服務，如此超前部署堪稱業界首見，成果令人驚艷！

科技和醫療的進步，帶領世界邁入高齡化時代，也讓人類的平均餘命屢創新高，但「健康到老」對許多人而言，卻是難以實現的奢望。癌症、難癒傷口、心血管阻塞⋯⋯許多不易治癒的疾病，總讓患者飽受病魔摧殘，看不見康復的希望。

十年前，曾有一位癌症患者，因為接受許多治療都不見起色，在生命幽谷走過一遭，後來在美國接觸了細胞療法，才終於重獲健康。因為親身見證幹細胞的力量，他決心將相關技術引進台灣，希望進一步推向醫療應用普及化，讓國人也能遠離難以治癒的疾病——他，就是「和迅生命科學」的創辦人溫慶玄。

細胞療法治癒癌症 連心血管疾病都獲得改善

「我父親罹患癌症的時候，才 52 歲。」和迅生命科學總經理溫政翰回憶。溫慶玄在 2012 年確診罹患「多發性骨髓癌」，那是一種源自骨髓漿細胞的血液惡性腫瘤，在台灣屬於相對罕見的疾病。儘管溫慶玄在國內接受了化療和放療，身體狀況依然不見好轉，不但人生驟然失去色彩，家中的房地產事業也大亂陣腳，讓全家都陷入了愁雲慘霧。

當時，溫慶玄在台灣從事建築營造工作，溫政翰則在澳洲昆士蘭大學已有法律及經濟雙學位，正準備取得當地律師資格，因為父親不幸罹癌，就毅然決定和大姐、二姐一同回台照顧父親，同時扛起家中事業的接班重任。

然而，多發性骨髓癌的癌細胞實在難以根除，停藥後又容易復發，加上當時台灣對於細胞治療的態度仍相對保守，於是溫家決定放手一搏，讓父親到美國就醫，接受細胞治療。

「結果治療效果真的很好，大家都很意外！」溫政翰笑說，原本父

父親因細胞療法重拾健康，讓溫政翰決心將幹細胞相關技術在台灣開枝散葉。

親接受細胞療法只是為了治療癌症，沒想到連原有的心血管疾病都獲得改善。「他現在完全看不出來生過一場大病，也愈來愈年輕。」因為親身體驗過細胞療法的安全和效果，讓溫慶玄開始對幹細胞產生興趣，希望將相關技術帶回台灣，藉由臨床文獻與幹細胞的應用經驗，造福更多需要接受治療的患者。

就這樣，一場從「營建業」跨足「生技業」的旅程，就此展開。

全家人都是門外漢 潛心研究突破專業高牆

令人驚訝的是，溫家沒有任何人具備醫學背景。父母親白手起家，專

於建設、營造。大女兒溫佳穎精通財務會計，二女兒溫佳霓主修科學教育，小兒子溫政翰則是法律、經濟雙主修，一家人都是「門外漢」，要看懂醫療文獻已經不是一件容易的事，遑論突破專業高牆，投入生技產業。他們究竟是怎麼做到的？

　　溫政翰回憶，2015 年，父親的治療告一段落時，細胞療法在部分海外國家已獲得醫界認可，雖然想要大力投資細胞治療產業，卻難以找到著力點。因為當時的台灣尚無開放相關規範，產業發展走向也還不明確，細胞治療一直處於灰色地帶，醫療機構也無法完全保證品質和安全性，即使患者有意願嘗試，也無從選擇適合自己的方案。因此，許多使用過既有療法、卻無法順利康復的患者，只能籌措鉅款，舟車勞頓前往海外，才能接受細胞治療。

溫政翰認為，營建業建造房屋，為居住者帶來安全感；生技業製造新藥，則為使用者創造更廣義的幸福。

　　有鑑於此，溫家人決定先做前期規劃。「以父親和母親領頭，我們全家就像開了一場『幹細胞讀書會』！」從 2015 到 2018 年，全家人開始大量閱讀各國文獻與臨床結果，也積極整理許多非正式臨床的治療經驗，同時投資幹細胞培養技術，確認技術產品化的可行性，靜心等待拓展市場的時機。

特管辦法公布 終於邁開步伐急起直追

　　2018 年九月，衛福部發布《特定醫療技術檢查檢驗醫療儀器施行或使用管理辦法》修正條文（簡稱「特管辦法」），將「自體幹細胞」及「免疫細胞」列為特定醫療技術，期能建構台灣成為亞太生醫發展的產業重鎮。諸如自體免疫細胞可用於實體癌末期病患、自體軟骨細胞可用於治療膝關節軟骨缺損等，凡是接受標準治療無效的癌症患者和實體癌末期患者，只要選擇正規的醫療院所，就能自費接受治療。

　　就是現在！潛心研究、淬鍊技術多年，此時溫家終於得以展現「超前部署」的成果，邁開大步急起直追，在 2019 年創立「和迅生命科學」，致力於提供改善亞健康、延緩衰老、疾病治療，以及精準醫療的生命力計畫。

不走冤枉路！細胞治療未必要「從實驗室出發」

　　「這段過程真的很特別！」對於和迅副總經理暨科技總監黃濟鴻來說，和迅的故事相當「非典型」。黃濟鴻是生物化學所博士，曾任職知名細胞儲存公司，在生技業界耕耘將近二十年，深知生技製藥開發過程大不易。他指出，國內的生技公司多半由學研單位技術轉移，接著興建廠房，進行動物及人體實驗，直到新藥開發完成，每一個階段都燒錢燒腦、曠日

為了研發出最好的細胞產品，和迅購入完整先進的頂尖設備。

費時。不僅如此，臨床實驗充滿了不確定性，萬一實驗結果不如預期，公司往往走了一大段冤枉路，最終仍是失敗收場。

「高風險、高報酬、高資本投入，生技製藥就是這樣的『三高』產業。」溫政翰說，父親有感於「新藥開發從實驗室出發」的限制和風險，於是反其道而行，先找到潛力的藥物或治療方法，決定好產品的開發方向，再依照法規建廠，進入新藥開發和臨床驗證的階段，此舉不但大幅降低開發風險，更可提高成功的機會。

此外，溫家團隊囊括營建、財會、經濟、法律等領域人才，也善於導入商業思維，這些專長看似與生技無關，卻都是企業能否順利營運的關鍵。後來，溫慶玄延攬具備細胞產業經驗的黃濟鴻博士加入，更是讓和迅如虎添翼。

從疾病根源著手 滿足未被滿足的醫療需求

依照細胞類型和治療目的，細胞治療可分為「免疫細胞」的癌症治療，以及「幹細胞」的再生醫療。溫慶玄從自身臨床經驗和研究心得出發，決

定以「臍帶間質幹細胞治療心血管與老退化疾病」為主軸，致力於幹細胞新藥的研發及開發，深入臨床治療領域。從諮詢法規單位開始，和迅務求在合乎法規的前提下快速發展產品，同時導入工業 4.0 的概念，建置智慧化高規格廠房，更善用幹細胞的多潛能特性，藉以實現「一種藥品，多種適應症」的理念，讓人們不只是活得久，更能活得健康。

「和迅的願景，就是要滿足『未被滿足的醫療需求』，解決過去醫學無力解決的問題。」黃濟鴻以心血管疾病和高血壓的因果關係為例，「動脈粥狀硬化」是因為油脂累積、內膜增厚而形成血管粥狀斑塊，使血管硬化、狹窄、阻塞，不僅血壓隨之上升，也可能帶來二型糖尿病等代謝疾病。當動脈粥狀硬化發生在心臟的冠狀動脈，可能產生心律不整、心肌梗塞、心臟衰竭等問題；若發生在腦部，則會引發出血性中風或阻塞性中風。針對這類患者，與其被動地用藥物來控制血壓數據，更該主動從疾病的根源著手，唯有先治好心血管疾病，才能從根本幫助患者遠離高血壓。

因此，「心血管新藥」就是和迅優先選擇的開發項目之一。藉由臨床文獻與幹細胞應用經驗，團隊設計出特殊製程與培養方法，期望有效治療血管硬化與阻塞問題，未來也將進一步開發出心臟疾病、腦部疾病與代謝疾病的藥物，充分落實醫療的積極意義。

實驗室資訊管理系統 讓每一劑細胞都可追根溯源

安全、有效、方便，是用藥者最基本的期待，卻也是新藥研發的最大難關。「有時候我們會開玩笑說，生命科學就像是『科學領域裡的巫術』。」黃濟鴻表示，人體的組織和器官非常複雜，對於藥物和治療都存在個體差異，臨床實驗自然也充滿了各種不確定性。生技產業若要開發幹細胞藥物，必須透過標準化流程來轉化核心技術，才能真正嘉惠廣大的用藥者。

只是，一般的生技實驗流程類似師徒制，細胞培養、細胞治療的測試記錄也常以紙本文檔的形式儲存，無論要分析或追蹤歷史資料，都必須耗費大量時間，不僅效率極為低落，實驗室也難以順暢管理。「生技業者真的很需要一套流程標準化的生產系統，讓每一劑細胞都有履歷，可以追根溯源！」

有鑑於此，和迅開發出「LIMS 實驗室資訊管理系統（Laboratory Information Management System）」，利用 AI 概念讓實驗流程標準化，它能精準地控管變因，翔實記錄參數改變造成的結果差異。標準化管理機制提高了實驗室的工作效率，更可幫助優化製程，有效降低品質異常帶來的損失，進而製造出品質穩定的細胞產品，以提供給各大醫院及研究機構合作使用，可說是獨步業界的智慧醫療開發系統。

在「生物科技」與「資訊管理」之間，LIMS 系統就像一座跨域整合的橋梁，帶領細胞治療產業走向更開闊的世界。

提供顧問服務、建置自有主機 創造同業共好

從廠房建置、品管檢驗、法規文件、資訊系統整合，直到取得認證，和迅團隊熟悉每一個環節，因此除了開發新藥之外，更以自身經驗提供一貫化的顧問諮詢，協助同業走出閉門造車的困境。此外，和迅利用自有產能提供 CMO（委外生產服務）、CDMO（委託開發暨製造服務），也有助於台灣生技產業蓬勃發展。

有別於一般企業都將資料備份在雲端，生技公司與醫療單位相對在乎技術及個資的保密，和迅看見了業界的關鍵需求，更提供自有主機建置系統，提供同業建置單一主機的服務。如此一來，客戶無需仰賴外部廠商進行代管，就能在自家公司的內部網路管理資料。「這樣可以守住保密封閉

和迅總經理溫政翰（左）和迅副總經理暨科技總監黃濟鴻（右），攜手為台灣的細胞治療產業創造嶄新模式。

性，讓生技公司既傳統、又先進。」黃濟鴻強調，從新藥開發到資訊系統導入，和迅始終不忘從使用者經驗出發，因此能提供真正符合需求的產品和服務，「這就是和迅最獨到的核心價值！」

異體細胞治療 可造福更多患者

　　黃濟鴻說，常有人戲稱細胞儲存是「生技業的傳產」，直到「特管辦法」公布，才得以發展細胞治療的臨床試驗，相關實驗室也終於有商轉的可能。2021 年，衛福部進一步研擬修正「特管辦法」，開放異體細胞治療技術施行計畫的申請，以鼓勵醫療院所投入治療研究，讓異體細胞的保存設備和機制趨於完善，各家細胞公司於是也有了更多發展。

「取出的檢體經過培養，可以提供給很多人使用，比起自體細胞治療，異體細胞治療顯得更有彈性。」黃濟鴻舉例，以急性腦中風患者來說，過去若採用自體細胞治療的方式，從培養、分離、製造等流程都要耗費不少時間，可能讓患者錯失黃金治療期；採行異體細胞治療方法，可利用皮膚、骨髓、脂肪等間質幹細胞來治療，因此可造福更多有需要的患者。

後疫情時代 展現真實力

為了研發出最好的細胞產品，和迅購入完整先進的頂尖設備，於 2020 年建置完成的實驗室，更以符合國際 GTP 實驗室標準、美國 FDA 及台灣 TFDA 規格規劃，嚴格要求管理符合 GLP、GDP、Pics/GMP 等多項嚴格規範。

2020 年起，全球遭逢新冠肺炎肆虐，衝擊了各行各業，和迅從國外採購的細胞培養耗材，也碰上了運輸遲緩的問題。「原本一個月可以送到的原物料，現在可能三到六個月都還到不了。」溫政翰說，儘管公司內部啟動分流上班機制，AI 資訊系統也適時展現投資效益，同仁陸續完成了臨床醫藥等級的「脂肪間質幹細胞製程」和「臍帶間質幹細胞製程」，並於 2021 年八月啟動臨床應用計畫，向衛福部提供特管辦法申請。

正因幹細胞的再生及修復能力備受重視，近年還被發現可有效逆轉肺部纖維化等後遺症，足見在後疫情時代，細胞療法確實擁有無窮的潛力。

技術結合創新思維 健康到老不再是空想

營建業建造房屋，為居住者帶來安全感；生技業製造新藥，則為使用者創造更廣義的幸福。從營建業跨足生技業，和迅的成立來自創辦人的一場重病，卻也因禍得福，不僅推動專業團隊的研究步伐，更凸顯人類對於

健康的渴望。

　　創立於 2019 年的和迅，至今看來資歷尚淺，其實生技醫療底蘊豐厚，不僅擁有業界規模前三大的細胞製備廠，也在桃園市政府輔導下領有工廠登記，更是細胞治療業界唯一獲經濟部「中小企業加速投資行動方案」的公司。利用細胞製劑與技術來治療疾病，是和迅生命科學的專業，也是義不容辭的使命，或許也正是因為年輕，才更懂得勇於跨域合作，展現令業界為之驚艷的力量。

　　展望未來，和迅團隊將以 LIMS 系統和顧問服務為營收之一，對業界、學研醫界提供細胞製程的委託開發及生產服務，同時進行新藥開發，將研究成果轉為產品，用於臨床治療應用。如此累積研發成果，以產品取得現金回流，再繼續進行新藥和技術的研發，在良性循環中一步步踏實前進，期能擴大經營幹細胞醫療事業，進而實現與全球市場接軌的目標。

　　相信在不久的將來，「健康到老」不再只是空想，和迅將以深厚技術結合創新思維，為台灣的細胞治療產業創造嶄新模式，更不忘利他共贏，為全人類的健康與福祉而努力！

和迅生命科學小檔案

　　和迅生命科學股份有限公司成立於 2019 年，設有業界規模前三大的細胞製備廠，在桃園市政府輔導下領有工廠登記，為細胞治療業界唯一獲經濟部「中小企業加速投資行動方案」的公司。除了開發細胞治療產品，和迅以自身經驗提供顧問輔導服務，為桃園在地的高階生醫人才提供就業機會，也創造業界唯一的新藥開發商業模式。因應高齡化時代來臨，和迅持續努力開發新一代治療藥物，用以治療心血管疾病及衍生疾病，期能解決現今未被滿足的醫療需求，並協助促進台灣再生醫療產業發展，提升人類的健康餘命，為你我開創高品質的美好生活。

致勝法則 **6** 刻意練習

取得平衡 互補共存

日文科技股份有限公司

從一家專做號碼機等小零件的印刷器材行,如何轉型成為五金、高科技產業、生技醫療甚至輕兵器生產零件的廠商?這華麗的變身,也反映了當年台灣中小企業苦幹實幹、靈活變通的特質⋯⋯

70 年代，在個人電腦尚未普及的年代，要在商品上、支票打印流水編號，就會需要號碼機，在當時算是公司行號都會需要的文具。「當時，父親在貿易公司上班，雖然做的是基層的庶務工作，但他觀察到這樣的機械是廣為需要的，於是在 1974 年，創辦了金記印刷器材有限公司，專營號碼機的生產，在當時是台灣唯一一家號碼機的製造商，屬於獨佔市場，而公司不光是生產號碼機，也做計數器、打孔機和印刷鉛字塊，屬印刷界的周邊產業。金記印刷在市場上努力耕耘，對機械加工與零件組裝累積豐富經驗，也慢慢做出口碑。」金記印刷創辦人林丁炎的次子、現任日文科技總經理林宏德，娓娓道出公司發展歷程。

小學畢業創辦人　靈活經營向工研院請益

從一家專做號碼機等小零件的印刷器材行，如何轉型成為五金、高科技產業、生技醫療甚至輕兵器生產零件的廠商？這華麗的變身，也反映了當年台灣中小企業苦幹實幹、靈活變通的特質。

林丁炎雖僅有國小學歷，但他勇於學習、從不畫地自限，創立金記印刷後，雖然是生產小小的號碼機，不過他精研製程，奠定了日文科技未來有能力跨足高科技領域的實力。「號碼機的生產細節很多，光一個數字輪就有 10 個面，若是用傳統的 CNC 加工會很費時，且成本很高，因此

日文科技從全台唯一的號碼機生產廠起家，到生產各式五金、鎖具，甚至有能力跨足高科技、生醫產業，創業 47 年來不斷寫下讓人驚豔的傳奇。

創辦人林丁炎（左）退而不休，常常到工廠裡跟同仁一起當「黑手」

在 1994 年時，父親透過工研院引進金屬粉末射出成型 （Metal Injection Molding 簡稱 MIM）技術來簡化製程、降低成本。」

在當年，金屬粉末射出成型這種結合粉末冶金及塑膠射出的技術，在美、日等先進國家已成為快速發展的新製程領域，適合製作形狀複雜、高精密度和高性能材質的小型機械零件，但在 90 年代的台灣，金屬粉末射出成型算是很新的技術。「父親將製程升級為金屬射出技術之後，初期只用來生產金記自家的號碼機，並未跨足其他領域。」

雖說號碼機的利潤不錯，但隨著個人電腦越來越普及，流水號碼機逐漸式微，市場快速萎縮，業績出現雪崩式下滑。「父親感受到危機，深知公司勢必得轉型，不然只會被市場淘汰，因此決定活用這套金屬粉末射出成型的關鍵技術，在 1998 年成立日文科技，開始對外接單，做號碼機以外的生意。」

年僅 42 歲的林宏德，帶領日文
科技走向新領域。

然而，即便金記印刷對金屬粉末射出成型的領域已十分精熟，也擅長機械加工與零件組裝，但一下子只做號碼機跳進市場，還是經歷了一段「萬事起頭難」的摸索陣痛期。

首先，傳產轉型最重要的關鍵就是新型態業務的開發，這對林丁炎來說是另一個全新領域，生性木訥的他也非業務人才，於是他希望攻讀企管的林宏德能回家幫忙。

追上 3C 浪潮 傳產面臨轉型壓力

談起決定接下工廠的心路歷程，排行老二的林宏德坦言，比起哥哥、弟弟都一直在工廠裡工作，他是比較叛逆的那個孩子。「我從小一開始就打算走自己的路，沒有打算要接班，因為童年時期的印象都在工廠，寒暑假要幫忙生產零件、做加工，不能出去玩，所以一開始是排斥的。」因此退伍後，未馬上回到日文公司服務。

但林宏德陸陸續續聽到父親提及，日文科技已面臨轉型瓶頸。「20 年前台灣的 3C 產品剛萌芽，相關的訂單很多但也十分競爭，有好幾次 3C 相關的樣品都遲到，一來可能是因為父親堅持把樣本做到完美，所以老是『壓線』，在最後一刻才送進客戶手上，但也可能是父親不習慣 3C 產品

的生態。」

　　原來，當時同業都搶破頭爭取 3C 訂單，每家都很拚命，所有的東西都在趕時效性。「3C 產品的工序非常多，有時日文科技負責的環節做好後，要陪客戶趕場。比方說，鐵件做好接著要進行塑膠包射，常常半夜兩、三點趕到下個廠商那邊，一行人坐在會議室等著看結果，看看我們的零件裝到別人的射出機上包射，會不會產生問題，若有就要馬上處理。那段期間，半夜在客戶那邊熬夜趕工、監工是家常便飯，全是為了要打進 3C 產品的供應鏈，不得不這麼辛苦，但這些需要與其他廠商互動、當場修正，得承受快速應變的壓力，對年事已高的父親而言體能也造成負荷。」

回家接班 企管專家看不懂設計圖

　　這也讓林宏德開始深思，自己是否應該回家接班，分擔父親肩上沉重的負擔。「我的專長是企管財經，日後想回金融市場並不難，因為這個行業變動相對小，頂多是有經濟景氣週期性的變化；但是日文科技不同，我若是再晚個幾年回來，就會錯過市場的黃金時期，也許日文科技就被市場淘汰了，畢竟在當下，同業都搶攻 3C 領域，只要動作比別人慢、打樣比別人晚交件，大概生意就會被搶走，如此一來，父親辛苦大半輩子打拼下來的事業，可能就會收掉，實在很可惜，也很心疼。」

　　決定回家接班後，林宏德歷經摸索期，一開始就連射出需要的模具，他也不曉得怎麼開模，連開模要有設計圖面及設定值，都要向模具廠請教。

　　當時的他大學剛畢業，22、23 歲的年紀，從業務工程師開始做起。然而主修企管的他，對工業設計、機械製程完全外行，連設計圖都看不懂，對金屬射出原料配方、製程及機械原理等專業資訊及術語，更是鴨子聽雷，摸索過程也吃盡苦頭，除了看書、找資料，也跟資深員工請益。

「當時，日文只是 10 幾人的小工廠，負責製程的工程師只有一人，但這位工程師擔心被取代，防衛心很重，不是很願意教我，我只好趕快自學，補足機械理論及製程原理。」然而，考驗接二連三，緊接著發生的「震撼教育」，讓日文科技面臨無法生產、差點經營不下去的窘境。

失去關鍵技術　面臨倒閉壓力

「在金記印刷時期，父親從工研院引進了金屬粉末射出成型等技術改良號碼機的製程，他聽從專家意見添購設備。苦幹實幹的父親總是像個黑手般親自操作，但他對製程原理、射出原料配方等學理並不是很瞭解，專業領域都仰賴公司唯一的工程師。然而，這位深受父親倚重的同仁，卻始終『留一手』，不肯將關鍵技術公開讓公司建檔，最後甚至離職。」

林宏德説，這算是日文科技創業史上最重大的困難，有訂單卻因為不知關鍵製程，導致產品無法順利生產。想起這段驚滔駭浪的歷程，林宏德一方面心疼向來信任員工的父親竟遇到這樣的打擊，更擔心父親此生的心血將化為烏有。

後來，父親與林宏德冷靜思考應對方式，畢竟父親有實作基礎，再想辦法將製程跟材料配方搞懂。「包含射出原料的配方、燒結的溫度設定等等，都必須重新抓啊，光是收尾就大概花了一、兩年的時間，才把所有的流程導向正軌。」

走過這段風波的日文科技，如同推進燒結爐裡的金屬，經過高溫淬鍊，更加堅若磐石。這段「打回原形、從零開始」的過程，在重新建立基礎的過程中，對材料更加瞭解，也簡化了些許製程，使得日文科技的基礎比別人更好，日後面對客戶下的訂單，即使是不甚熟悉的材料，也能知道要怎麼執行，甚至還能給客戶一些配方調整、設計繪圖上的建議。

高溫淬鍊下　傳統產業化身鳳凰

　　從菜鳥慢慢學，到能夠獨當一面、擔任公司董事長兼總經理的職務，林宏德希望公司能走出更寬廣的格局。

　　果不其然，只要努力就有機會站上舞台！規模不大的日文科技竟成功打進宏達電的零組件供應鏈，當時 hTC 手機風靡全球，宏達電一度坐上股王寶座，成績傲人。林宏德笑說，能做到宏達電的生意對日文來說有如一顆定心丸，然而促成這個機緣，要往上追溯到 18 年前「差點」攻進 APPLE 手機供應鏈的經驗。

　　「當年，有家上市公司找我們生產 APPLE 手機的零件，與此同時，鴻海也要爭取蘋果的訂單，也來找我們合作，但日文已經答應了那家上市公司，只好婉拒鴻海。後來，鴻海順利打進蘋果供應鏈，而我們合作的上市公司卻沒有。雖然，後面的訂單沒有接到，十分可惜，但也因為有這次經驗，後來接到宏達電手機 SIM 卡座的訂單，算是失之東隅，收之桑榆。」

　　回顧這一路走來的風風雨雨，林宏德說幸好日文科技考驗中蛻變，比同業更有競爭力。「相較於有許多同業，都是設備商配好的材料來生產，比方說，買哪家的原料、燒結爐、混練機，搭配設備商提供的條件參數，

為了生產出優質零件，不惜引進日本製造、要價千萬的燒結爐。

形狀再怎麼複雜、材質再怎麼特殊，日文科技都能駕馭。

即便是精細的微小工件，日文科技也能駕馭，生產線同仁細膩地精修每件產品，堅守品質的態度贏得讚賞。

隱身在桃園龜山的傳統工廠，卻蘊藏的無窮競爭力。

就可以來進行生產，但問題是關鍵的核心技術都綁在設備商手上，別人要複製也很快，只要花錢買一套一模一樣的設備，就做得出來，但日文科技的基礎夠穩固，更掌握了製程關鍵技術，能依產品的大小，進行製程上的調整，這是別人學不來的。」

發展陶瓷材料 跨入生醫領域

日文科技能做的工件，從比米粒還小的微型零件，到比手掌大的大型零件都難不倒。「以粉末射出成型的技術來說，一般同業較容易製作的大約是 10g 左右的零件，無論是射出的流動性或後續製程、燒結及收縮率，都較容易掌握。因為零件越大，收縮率會更大，自然也會影響良率。另外，CNC 加工技術無法駕馭的小型零件、薄件，因為體積太小，在車床、磨床時卡盤夾不住工件，但以粉末射出成型技術來製作，可以克服體積的限制，且製作速度快，成本相對低很多。另外，我們也會改變射出的流動性，甚至連薄件也能生產，因此日文科技能製作的領域跟產品線非常廣，比同業的彈性許多。」

2017 年，林宏德開始將公司業務的觸角，伸向生技產業等新興市場，並且開始接單量產。雖然客戶下單穩定，但是他始終認為，強化日文科技與同業的差異化是必要，方能盡早找到自己的利基點。

林宏德觀察到生技產業對陶瓷材料的需求與重視，於是，日文科技在 2019 年開始研發陶瓷射出製程。「陶瓷粉末射出成型（Ceramic Powder Injection Molding, CIM）是將陶瓷粉末與傳統塑膠經過混練後，再進行射出的成型技術，在過程中，我主導整支研發團隊並進行陶瓷材料的研發，計畫未來可運用於一些特殊產業，如生醫、電子、半導體等創新產品上。」

相較於日文科技最熟悉的金屬粉末射出製程，陶瓷材料技術難度更高，尤其是材料的純度及製程的參數設定上，準確性更必須優於金屬粉末射出製程，研發過程中遭遇不少的瓶頸。

堅持信念 刻意練習成就自我

「一開始摸索時，我完全不清楚測試樣品的穩定性為何不足，後來與相關領域的教授請益，利用科學的反覆驗證，以及在數據上面的監控管理，終於找出問題的核心並加以突破，最後終於能將陶瓷材料的展現在生產線上。」

成功突破陶瓷材料的瓶頸後，日文科技的技術大幅提升，掌握了粉末射出成形（Powder Injection Molding, PIM）的全製程，無論是金屬或陶瓷，日文科技的多角化發展，爭取了更多商機，尤其是現今市場上對陶瓷運用非常的廣泛，而日文科技可提供在地化生產，解決客戶過去長期依賴中國製造的問題，甚至還能提供超越原供應商的卓越品質，感到欣喜。

正因為日文科技勇於跳出舒適圈，即便對高科技、生技醫療領域不是

最熟稔的,但透過刻意練習、鑽研學理,終於內化成日文科技的關鍵技術。

「好險日文科技做好準備,有能力跨域接單,才能免去受到中國跟東協國家崛起的壓力。」林宏德說,筆電裡面的零件、手機的 SIM 卡座等等量大的 3C 產品組裝線,將近 95% 隨著廠商在中國設廠而轉往當地工廠製作,台灣較難拿到訂單,但對日文科技的衝擊相對小。

從五金、鎖具、電子產品零件跨足生技醫材,林宏德說,無論工件多麼複雜,都可以用模具及後加工去克服,不過比較棘手的是「外觀件」,像是飾品或錶帶的零件,外觀不能有任何瑕疵,每個零件都要極度美觀、圓滑,是精品的等級了,難度更高,但日文科技依舊能夠駕馭。

疫情衝擊下 業績反倒飛升

即使在 2020 年遭遇新冠肺炎疫情,在疫情期間日文科技依舊穩紮穩打,業績不降反升。「因為許多工廠從海外搬回台灣,在地化生產的結果之下,日文的業績反而逆勢成長,加上我們擅長生產形狀複雜、製程複雜的工件,不少從前沒有機會合作的企業,一試成主顧,也讓我們越來越有信心,希望在疫情過後,有機會拓展國外業務,讓公司走向新的領域。」

深耕桃園龜山的日文科技,雖然不是氣派新穎的大工廠,員工也只有 40 多人,二代總經理林宏德帶領下,同仁就像家人一樣,氣氛和樂融融,創辦人林丁炎就住在工廠樓上,即便已經到了退休的年紀,大可遊山玩水享受人生,但閒不下來的老董常在工廠裡和員工一起做「黑手」。

日文科技規模雖不大,但對於環保永續、節能減碳卻絲毫不馬虎。林宏德認為,做環保的關鍵就在源頭,從設計端思考製程中如何減少資源的浪費,再透過後端的回收來補強。「我們有溶劑回收機,透過管線把製程中的溶劑進行蒸餾、過濾、冷凝回收後再重複運用;製程中會用到的水也

會透過循環系統，經過機器過濾雜質，回收水來進行冷卻燒結爐。」

在年僅 41 歲的林宏德認為，身為接班者，要能夠承先啟後開創新局，但是關鍵就是不斷培養自身能力並以身作則，才能使眾人信服。日文科技雖然只有40多人的傳統產業，但是他在管理思維上，卻能夠屢創新局。「當老闆不是件有趣的事，因為每個員工後面都是一個家庭，要讓大家能安穩過日子、養家活口的壓力很大，身為企業主一定要好好經營，讓公司持續精進，照顧好員工，為社會創造價值，終能在業界建立起口碑，邁向下個世紀。」

日文科技小檔案

日文科技成立於 1998 年，擁有最新進的金屬粉末射出成型 (M.I.M) 技術，是一個優良零組件製造廠，累積了二十年零件製造的技術與經驗。日文科技的前身是金記印刷器材，創立於 1974 年，初期專營印刷用號碼機和配件及電動打孔機，漸漸擴展至 3C 零件、汽車零件和其相關精密零件產品。

日文科技是台灣最大的印刷用號碼機和配件的製造廠，為了提昇競爭力，於 1994 年率先引進金屬粉末射出成型 (M.I.M) 生產線，除了供給自用之產品零件外，並且對外接單生產紡織機零件、醫療器材零件、電腦週邊設備零件、輕兵器零件等等。

近年來不斷成長，除原先擅長的金屬粉末射出成型 (M.I.M) 技術，更帶入「陶瓷粉末射出成型（CIM）」技術，掌握了粉末射出成形（PIM）的全製程。可生產的材質含括鐵鎳合金鋼、高速鋼、不銹鋼、氧化鋁等，經過十多年不斷的研究和創新發展。日文科技已具備成熟完善的大批量生產能力，並獲得眾多合作廠商的認定。

WISDOM IN COMBAT

致勝法則 **7**

促發激勵

積極備戰操勝券，激發出關鍵實力一舉打響名號！

全漢企業股份有限公司

上暘光學股份有限公司

持續前進
永續節能神救援

全漢企業股份有限公司

從台灣發跡的全漢，1993 年創業，從 3 人小公司起家，由小型的本土電源供應器代工做起，董事長鄭雅仁憑藉著犀利的眼光與膽識，勇闖中國設廠、再率先前進歐洲設點，更在 1996 年與英特爾合作推出 ATX 規格的電源供應器，從此一戰成名，如今已是全球第五大電源供應器廠商、全球第三大桌上型電腦及電視電源供應器製造商……

2020 年以來，新冠肺炎病毒肆虐全球，宅經濟興起，使電競領域的需求益發強勁，同時還有遠距上班、遠距醫療等需求攀升，使得資料處理中心對於高瓦數電源的需求倍增。電源供應器大廠全漢，在疫情期間營運順勢成長，創下近年來最亮眼的獲利表現。

說起 1993 創立的全漢，從 3 人小公司起家，由小型本土電源供應器代工開始做起，創辦人鄭雅仁憑藉著獨到的犀利眼光與過人膽識，創業之初就勇闖中國設廠、再率先前進歐洲設點，更在 1996 年與英特爾合作，推出 ATX 規格的電源供應器，從此一戰成名！目前全漢已是全球第五大電源供應器廠商、全球第三大桌上型電腦及電視電源供應器製造商，事業版圖橫跨歐美，在海外共有 20 多個服務據點。

全漢企業深耕桃園多年，此棟建築為 2000 年啟用的桃一廠。

舅舅啟發了創業魂

大學讀化工系的鄭雅仁，卻在看似不太有關連的電源供應器領域裡闖出一片天，做得有聲有色。他笑說當初跑去讀化工是因為他的化學成績從小就很好，以為自己有化學天分，結果真的進去讀了，才發現跟自己的興趣截然不同。

畢業後，鄭雅仁的第一份工作是到生產印刷電路板的燿華電子服務，從工程師一路做到製造部經理、品保部經理，表現十分出色，不過平順的職涯並未讓鄭雅仁安於現狀，他想闖出自己的事業，而點燃他創業念頭的人，是他的舅舅。

移民美國的舅舅在專做 EMS 的偉創力（Flex Ltd.）擔任廠長職務，他觀察到沉甸甸、體積大的電源供應器居然不是走海運交貨，都是搭飛機，一來是市場急需，再來也顯示出毛利率應該很不錯，才有本事走空運。因此舅舅起心動念決定創業，1989 年就遠赴中國設廠，專門做電源供應器的 EMS。

鄭雅仁在大學時期，就曾跟舅舅取得電源供應器到光華商場販售，打工經驗讓他賺到錢，也對電源供應器市場有了初步了解。鄭雅仁在燿華電子工作期間，也是台灣電子業正逐步起飛的階段，有生意頭腦的鄭雅仁萌生創業想法後，1993 年便與家族攜手創業，而且膽識過人的他，創業初期就有「驚人之舉」——他選擇直接赴中設廠。

初生之犢 直闖中國

1990 年初前後，兩岸局勢仍處於緊張時刻，台商紛紛走避東南亞設廠，但鄭雅仁看好中國大陸的人口紅利和市場，毅然決定西進，而同時期也到中國設廠的台商只有營收近百億的台達電，全漢是剛起步的小公司，

創業的資金還是跟家人借來的，鄭雅仁是否能在風起雲湧、局勢詭譎的中國站穩腳步？而初生之犢不畏虎的他選擇勇往直前。

「1993 年時，工廠前還是煙塵瀰漫的黃土路，來應徵的員工從工廠大門一直排到大馬路上，甚至快把工廠大門擠破，大家都想找份工作養家。」

回顧這段歷史，鄭雅仁謙虛的說，全漢運氣不錯，全球電子產業在1990 年開始暢旺，而全漢在 1993 年創業後趕上全球化的浪潮，進入 10 年的黃金時代，業績翻倍成長。設廠第一年就把跟家人借來的創業金還清，還淨賺新台幣 5 萬元，雖然比在他當時在燿華電子的月薪還少，但他十分振奮；隔年全漢獲利衝上 7 百萬元，讓全漢站穩腳步，鄭雅仁更能昂首闊步、勇敢去闖。

「那時候，所有電子產業只需做一件事，那就是努力做！只要努力就會賺到錢。而全漢的優勢就是比其他台商更早去中國設廠，過去電源供應器這個產業去中國設廠不多，初期我們賣的是『產能』而不是『產品』，幫很多尚未西進中國或對赴中國設廠仍在觀望的台灣電源產業做代工。」

英特爾找上門 3 年小公司一夕翻轉

兩年之後，鄭雅仁開始籌組自己的研發團隊，恰好也碰到個人電腦的產業興盛。當時，中國的代工市場持續暢旺，然而，對趨勢極為敏銳的鄭雅仁發現到市場雖熱，但資本雄厚的大廠因應產能不斷擴充，小廠勢必更難生存，且電源供應器的毛利已從 3 成掉迅速到 2 成，是不得不正視的警訊。

當時，正是個人電腦興起的年代，市場上多為系統品牌大廠如 IBM、

2017 年落成的全漢研發大樓，屋頂花木扶疏、充滿禪風的簡約設計，也力行綠色節能。

HP 等美國品牌的天下，但鄭雅仁觀察到，歐洲的個人電腦不走品牌路線，反而是消費者自行購買符合需求的設備元件，組出一台可與知名品牌相容的電腦。因此，鄭雅仁毅然決定避開競爭，全漢要發展自有品牌投入歐洲組裝市場，率先到歐洲設點，進軍 clone（組裝）市場。

　　1995 年 4 月，全漢在德國成立 Fortron/Source（Europa）/GmbH，從 2 個員工開始打拼起，在人生地不熟的歐洲慢慢耕耘，一步一腳印地做下去。

　　而老天爺果然是眷顧全漢的。隔年 1996 年，全漢與英特爾合作推出ATX 規格的電源供應器，產品一推出馬上帶動業績成長，原本全球知名度不高的全漢，立刻成為電腦供應器的前端品牌，最高紀錄是單月淨利可達一億元。」

　　很多人好奇，當年英特爾為什麼會和成立僅僅 3 年、沒什麼名氣的全漢合作？「英特爾先找了台達電、光寶、康舒等企業談合作，但那時大廠產線很滿，實在無法再接單，於是英特爾找到全漢，我們不僅完全配合並交出優異成績，從此帶動了全漢的全球知名度。」

佈點歐洲 站穩 clone 市場

機會來了，就是展現實力的時候。全漢與英特爾的合作一舉打響名號，而歐洲的佈局也開始有了成果，在德國站穩腳步後，1997 年，全漢在英國設立了分公司；1999 年，更在德國 Mnchengladbach 買下第 1 棟占地 3,000 平方公尺的倉庫與辦公室結合的建築，甚至連俄羅斯都設有據點。

不過，電子零組件產品變化大，加上生產製造的門檻不算太高，想穩穩保住市場地位，必須一再壓縮成本、吐出毛利，鄭雅仁不希望跌入低價競爭、搶單的輪迴，他認為必須深耕研發實力。

全漢的致勝秘訣在於不是在代工市場殺到見骨，而是在市場變革的促發下，激勵出企業蛻變的韌性，懂得變通與運籌帷幄是鄭雅仁的經營之道。「品牌尚未有足夠知名度之前，要以品質與價格來吸引客戶，拉高產品附加價值，才能在市場上勝出，像是全漢的無風扇無噪音電源器，還有配合外型越來越時尚精美的筆記型電腦所推出的輕便、方便旅行攜帶的電源轉接器，都深受歐洲客戶喜愛，因此歐洲 local 公司有 80% 都是我們的客人，產品靈活創新，這就是全漢打進歐洲 clone（組裝）市場的心法。」

鄭雅仁正確的策略奏效，使得全漢這個來自台灣的本土企業，短短幾年就締造好成績，不僅成為全球第 5 大電源供應器廠商，同時也是全球第 3 大桌上型電腦及電視電源供應器製造商，除了天時地利人和外，全漢擁有創新的核心研發實力，讓產品隨時推陳出新，產品多樣齊全，同時更創造出精質產品，才是坐穩寶座的不二法門。

運籌帷幄 相中時代脈動

此外，電腦零組件產業有個特性，一旦為客戶成功開發產品，很難說換就換，容易維持長久的合作關係。不過即便與客戶關係穩固，全漢仍在

全漢開發出全球第一款可移動式交流電儲能系統（Energy Storage System），宛如行李箱的外型，兼具實用與時尚。

2001 年斥資 5000 萬導入 ERP 企業資源規劃專案，整合財務、配銷、生產、人資、原物料採購及供應鏈等關鍵資訊，將庫存的準確率提高到 99.9%，由於透過 ERP 管理資源，有充足的原物料供給做後盾，連帶使全漢的製程及產能深具彈性，可因應客戶的急單，更增加客戶的黏著度及信任感。

而且，雞蛋從不放在同一個籃子裡的鄭雅仁，靈活調整產線配置，如今全漢的電源供應器有 6 成以上銷往組裝市場，4 成為代工，即使市場因景氣影響而互有消長時，全漢也能彈性調整產品比重、降低風險。

不僅如此，面對電子產品日新月異的變化速度，尤其是資通訊產業有著多樣化設備，在電源上有更多客製化需求，全漢隨時保持「跟上時代」的敏銳度，在產線具備全系列標準化電源產品的基礎下，還同時放大了研發實力，提供彈性十足的微客製服務，為近年來最熱門的 AIoT 物聯網、5G、邊緣運算等各種智慧應用市場，提供最齊全的電源產品線。

「過去的電源供應器就是把交流電（AC）轉換為直流電（DC），對電子產品來說，電源器只是一個『出力者』，給予所需的能量來啟動設備；但隨著電子產品應用越來越廣泛，電源不再只是出力者，還要具備跟設備

鄭雅仁帶領全漢站上全球，讓台灣電源供應產業鏈被世界看見。

『溝通』的能力，從只是系統的一部分，化身成可以接受系統指揮的設備。比方說 IT 設備資料中心（Data Center）整合了伺服器、儲存、路由器和防火牆等設備，所需的電源須具備從類比變成數位，能聽從系統指示、接受主機監控，就連調整風扇轉速、正反向、微調輸出功率等，電源都能配合系統所需。」

5G 新能源 促發激勵帶動研發實力

另一個全漢將大顯身手的舞台是 5G。截至 2022 年，全球已有超過 200 個 5G 網路商轉，顯見全球 5G 產業進入加速期，萬物連網的態勢已然成形。「5G 產業的成熟也帶動智慧交通系統的串聯，無論是懸掛在街頭巷尾的 CCTV、交通號誌、甚至是停車場辨識、收費、充電系統等，這些設備都需要電源供應器，並且要能因應戶外嚴苛的寬溫、防塵、防水等考驗，以前電源供應器多放在室內，現在很多都必須安裝在室外，這些對研發團隊來說，從產品設計端就必須跟以往不同。」

鄭雅仁表示，全漢早已針對智慧交通及電動載具市場的經營來佈局，近年來陸續推出完整解決方案，產品兼具高品質、高整合性與高可靠性，深受各大設備與系統業者青睞，目前已打入世界前 3 大歐系的電動載具大

廠，未來更將會以策略性和電池模組廠合作。「可預見的是，未來載具都將從燃油動力改為電動機驅動，所以需要用到為數可觀的電池組、充電器，我們逐步將多年來在電源供應領域完整布局的經驗，投入智慧交通與儲能兩大場域。」

此外，因應能源市場的變化需求，全漢產品也開始在新能源電池、儲能與充電器市場上有全新布局，以迎接新能源時代的到來。

「過去，電本身是沒有辦法儲存的，電沒有用就過去了，現在又是能源缺乏的時代，因此儲能將是很有遠景的產業。近年來各國政府與大型企業紛紛祭出新能源政策，不僅提高綠電、再生能源使用比例，為確保供電穩定，更需要積極建構儲能裝置，全漢作為全球前十大電源供應業者，在儲能領域早已有相關布局。」

2012 年，全漢就成立了新能源事業處，開發出全球第一款可移動式交流電儲能系統（Energy Storage System），同年，全漢有多項電源產品榮獲台灣精品獎，成為當年度電源類產品獲獎最多的廠商；之後全漢也成功開發出併網型、離網型（可攜式、備援）逆變器、自發自用等不同儲能系統產品，其中 EMERGY 1000 可攜式儲能系統更可廣泛使用於室內外等沒有電力或電力取得不易區域。

綠色能源是趨勢 更是企業責任

此外，因應綠能產業的需求，全漢在 2016 年就已針對太陽能板研發出「微型逆變器」，可將每片太陽能板轉換出的能量做最有效的利用，不會因烏雲、樹蔭、落葉或汙穢物等陰影，而出現發電效能低下的問題，很適合安裝於空間有限的屋頂與綠建築上。

鄭雅仁認為，採用綠色能源、力行永續環境是每個企業的責任，而全

電源，是力量的來源，也是讓人安心的指標。從最小的電子裝置到大型數據中心、儲能站等，都少不了電源裝置。

漢深耕電源產業 30 年，不僅致力提供完善的綠色能源解決方案，也將帶動市場發展，不過他也提醒有意進入儲能的業者，儲能的原理是整合了電池系統與充電系統，但有些邏輯與觀念會顛覆過去所知，加上國際各國對於儲能產品的法規都不一樣，要進入儲能產業之前要先做好功課。

回首 1993 年創業迄今的發展沿革，全漢總是能站上浪尖，率業界之先攻上灘頭堡，鄭雅仁說，最要感謝的是全漢員工，無論是台灣總部或在全球各地為全漢努力開創業績的同仁，正因為有他們的協助，才能讓全漢有今天的成績。事業版圖遍及全球的全漢，全球員工多達 6000 人，其中光是研發人才就有 3、400 人，投入研發的比重之高，在業界應該是數一數二的了。「公司最重要的是業務團隊跟 R&D 人才，平均一位研發人員從剛進公司到能夠獨立作業，需要 2 到 3 年的時間，而全漢研發人才也是其他企業爭相挖角的對象，但我們祭出最好的員工福利、分紅，留住人才不遺餘力，以台灣總部為例，800 多位員工中，服務 10 年以上的同仁就佔了一半以上。」

員工穩定性高、流動率低，這次勇奪 2021 年桃園金牌企業卓越獎中「好福企」獎項，可說是實至名歸。而不光是對員工好，全漢也致力培育業界人才，曾與台科大成立聯合研發中心，促進產學交流，並讓學生提前進入業界，一方面增廣見聞，更能淬鍊出工作實力，而在全漢實習的科大學子，福利也比照正式員工，足見鄭雅仁對扶植產業新血的用心。

電源，是力量的來源，也是讓人安心的指標。從最小的電子裝置到大型數據中心、儲能站等，都少不了電源裝置，因應智慧城市的需要，在節能效率的穩定上，都需要電源供應器來協助。2000 年，全漢遷至龜山工業區建立桃一廠，2017 年桃二廠研發大樓落成、2021 年 5 月桃三廠製造大樓完工，並因應中美貿易戰局勢，將產線拉回台灣，全漢深耕桃園，打造成全球最重要的電源供應器設計研發製造總部。

辦公室外這幅書法字畫，那勁挺筆力、著墨巧妙地揮灑出「破執」二字，恰恰與鄭雅仁創業時的初心相互呼應。

「破執，就是打破執念、走出新格局。」鄭雅仁如是說。即使世界正面臨前所未有的變化和不確定，學習打破執念，找到改變契機。相信全漢在鄭雅仁的帶領下，將帶著能源產業走向真正的綠色永續。

全漢小檔案

全漢企業（FSP Group）為全球電源供應器專業製造領導大廠，自 1993 年成立以來，本著「服務、專業、創新」的經營理念，持續扮演全方位綠色能源解決方案供應商，結合電源技術的領先地位以深耕綠能領域，提供更具競爭力的優質產品，成為客戶、消費者及供應商最可靠的夥伴，共同創造最佳價值。全漢將長期累積的電源技術研發能量帶入更多應用領域，涵蓋資通訊、消費性電子、工業、照明、醫療與新能源科技等具前瞻性產品，也將秉持永續經營的願景，建立國際性品牌綠色形象，善盡企業公民的社會責任。

致勝法則 **7** 促發激勵

站上最熱板塊
成為實力派

上暘光學股份有限公司

你知道嗎？全世界每賣出 10 台投影機，就有一台的鏡頭是桃園的上暘光學所設計製造，市占率高達 10%！上暘光學創立於 2011 年，在人力規模動輒成千上萬人的光學產業中，上暘員工不到百人，卻具有無可忽視的實力與魅力，短短 10 年就成功打入全球光學大廠供應鏈……

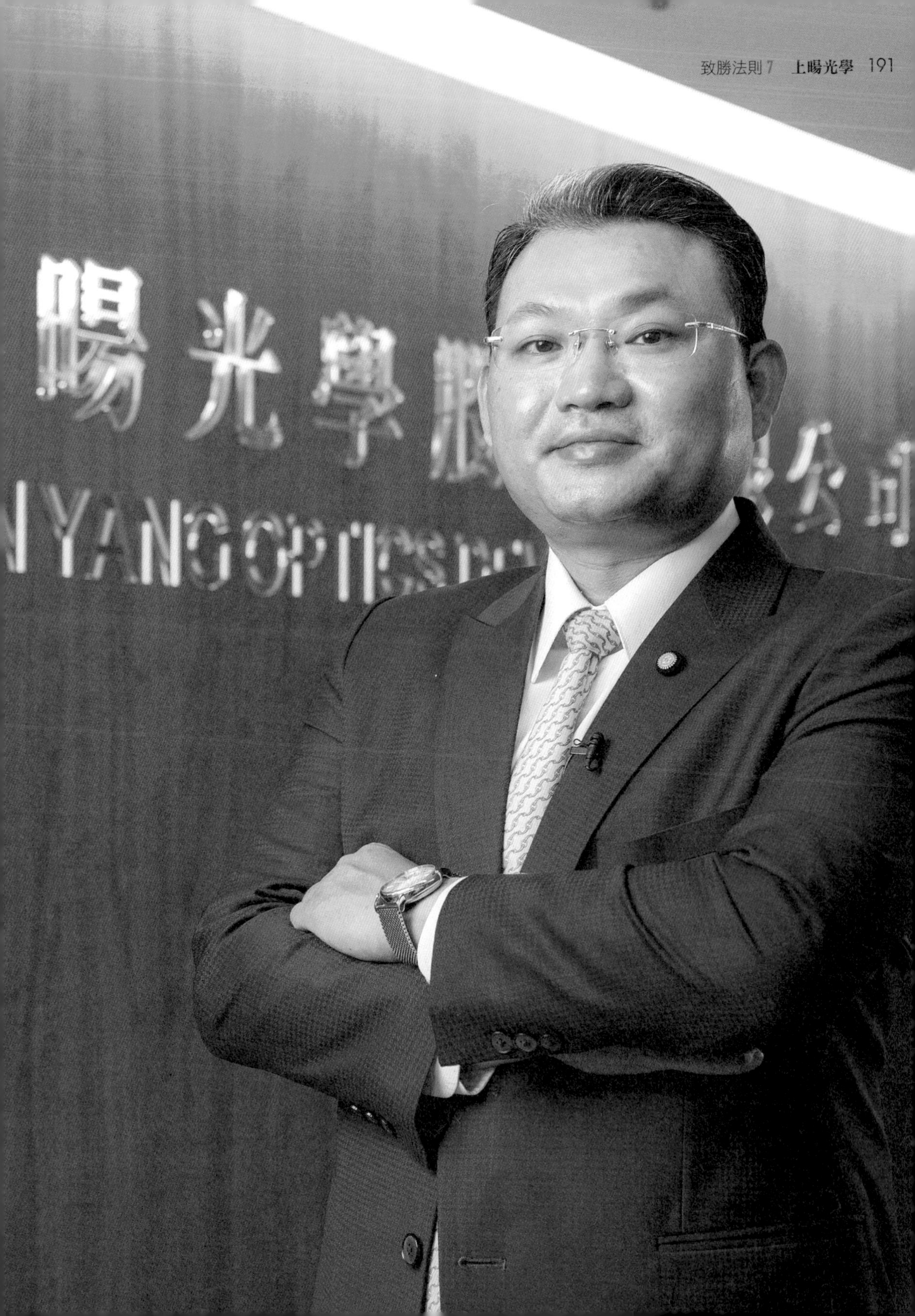
暘光學

你對投影機的印象是什麼？是會議室、教室天花板上高高掛著的那個玩意兒？似乎是跟你我生活有點距離的商用產品。

然而，近幾年人們對投影機的觀念改變了。在露營風盛行後，不少人會帶著投影機出門，徜徉在大自然裡，還能將影片投射在帳篷上，體驗不同的影音饗宴；2020 年起，全球受到疫情衝擊，人們居家的時間變多了，連帶使得功能媲美電視的投影機夯賣，宅在家能享受躺在床上看著天花板追劇的快感，顯見投影機已漸漸走出原先的商務印象，甚至有逐漸取代傳統電視的態勢。

不到百人小公司 闖出 10% 全球市占率

然而，全世界每賣出 10 台投影機，就有一台的鏡頭是桃園的上暘光

全球每 10 台投影機，就有一台採用上暘光學設計製造的光學鏡頭，市占率高達 10%。

學所設計製造，市占率高達 10%！上暘光學創立於 2011 年，在人力規模動輒成千上萬人的光學產業中，上暘員工不到百人，卻具有無可忽視的實力與魅力，短短 10 年就成功打入全球光學大廠供應鏈！

上暘光學創辦人吳昇澈董事長，五專就讀台北工專材料及資源工程科，畢業後再讀二技，退伍後先到美國光學大廠 OCLI 的亞洲代理商光昊光學任職，從光學元件銷售工程師做起，再到上市公司明基電通做光學元件全球策略採購管理師，之後再投入到億達科技鍍膜廠磨練，從此奠定了進攻光學產業的硬實力。

「從大企業明基電通來到這間僅有 12 個人、月營業額只有 100 多萬的億達科技鍍膜廠，老闆是個有研發魂的工程師，專營難度很高的車用與軍用光學鍍膜元件。進入公司後受到老闆的一路栽培，從基層工程師、業務做到總經理，擔任總經理後，公司規模已不可同日而語，員工 6、70 人，月營業額變成 2000 多萬，年營業額超過 2 億。」

在老闆因病過世後，鍍膜廠畢竟是家族企業，吳昇澈想將公司做到上市上櫃的理想與繼位者理念不合，雖說後來分道揚鑣，但這段在鍍膜廠的歷練，讓吳昇澈淬鍊出創業夢，他一直謹記老闆的生意理念：「技術行銷」，RD 要不斷研發技術，業務要將技術轉成商品行銷出去！

立志成為光學界的「聯發科」

2011 年，吳昇澈創立上暘光學，憑藉著對光學材料及製程的熟稔度，以及在市場打下的人脈基礎，他想將上暘打造成光學設計公司，如同聯發科的地位。但創業初期的吳昇澈是校長兼撞鐘，員工只有 3 個人，即便他有研發實力與創意，但光學界客戶都是上市上櫃大企業，小公司根本打不進去。

於是吳昇澈改變策略，先代理產品，陸續拿下日本松下非球面模造玻璃、江蘇宇迪的球面鏡片等代理權，兩者都是光學界數一數二的頂級商品，上暘業績自然蒸蒸日上。「那時公司也只有 5、6 個人，一年卻能拚出 1 億多的營業額。」

其實，上暘持續代理產品就能穩賺，但吳昇澈心中的夢想依舊鼓動著。直到 2015 年，攻讀北科大 EMBA 碩士學位時，受到指導教授胡同來的啟發，促成了上暘的轉型。

胡教授為學術界知名的行銷大師，明確點出上暘的處境，雖說目前業績亮麗，但當客戶、售價漸趨透明之下，命運難脫母公司收回代理權的命運，很難做到永續經營。教授一番話點醒了吳昇澈，決心要讓公司轉型，正式走向心中的願景 ---- 成為台灣光學高階玻璃鏡頭的第一把交椅。

之所以鎖定了投影機市場為起跑點，是因為吳昇澈看見了投影機將走向家庭化的市場。加上 2016 年，德州儀器成功突破了技術限制推出 0.47 吋 4K2K 晶片系統，能讓螢幕呈現超過 800 萬畫素的解析度，因此畫面放大到 100 吋、120 吋依舊清楚鮮豔，格外適用於投影顯示。

上市光學廠不投入資源的 上暘來發揚光大

然而，即便有新晶片問世，但光學廠紛紛保持觀望，不願投資經費去開發能與 4K2K 晶片相襯的投影機高階鏡頭，主因是投影機全球一年大概賣出 8、9 百萬台，但跟手機鏡頭月需求量動輒 1 億顆鏡頭相比，簡直天差地遠。光學大廠從玻璃材料研磨、加工、拋光，到外面的機構件射出成形後再組裝，全製程耗費大量人力，像是亞洲光學有上萬名員工，揚明光學、佳凌科技規模雖較小，也有上千人，因此即便投影機鏡頭的利潤不錯，但大廠依然沒有在 4K2K 晶片系統推出時就投入大量資源開發。

董事長吳昇澈（左一）帶領上暘同仁一舉打入了高階光學鏡頭的國際市場。

　　吳昇澈轉念一想，大公司不投入資源的，就是小公司的商機！毅然決然投入研發，廣邀光學界一流人才，組成一支年輕有創意的研發團隊，設計出 4K2K 與 1080p 解析度兼容的高階鏡頭，這對投影機品牌廠來說是一大福音，即使投影機產品未升級到 4K2K 的水平也可以使用。

　　這項創新研發讓上暘站穩腳步，吳昇澈將台灣打造成研發基地，做設計、測試、驗證，再技轉授權給中國江蘇宇迪組裝，這樣的合作模式讓上暘的高階鏡頭迅速打入國際市場，並於 2019 年在台灣成立光學高階鏡頭工廠，員工規模從個位數，增長為 8、90 人。

研發團隊 業界菁英齊聚一堂

吳昇澈感性地說，他很幸運能夠延攬業界菁英成為上暘的好夥伴，一起發揮創意、腦力激盪，在團隊支持下，上暘的發展走得更穩健了！兼容 4K2K 與 1080P 的投影機高階鏡頭的成功，並未讓吳昇澈停下研發的腳步，他深知投影機產品還有許多可挑戰的地方，畢竟小到應用在手機上的投影設備鏡頭，大至電影院高流明用的超大鏡頭，投影機的領域橫跨低階、中階、高階的需求，然而，其中最難突破的是超短焦鏡頭。

超短焦鏡頭是應用在投影電視上，以往掛在辦公室天花板或放在會議桌中間的投影機，需要一定的距離才能投影，但超短焦投影機沒有距離限制，即便只有 50 公分的短距也能清楚投影。「但是，日本理光早在 10 幾年前就已申請了超短焦投影鏡頭的專利，幾乎沒人能避開理光的專利。上暘的研發團隊絞盡腦汁，終於順利跨越了理光的專利屏障，並申請了 7 個專利，是市面上最高階的投影機鏡頭。」

上暘的超短焦高階投影鏡頭與多國知名品牌合作，像 ViewSonic、JmGO 堅果推出的投影電視，整合了視聽、喇叭裝置，並具備無線連網功能，簡約外觀出色搶眼，放在視聽櫃上直接投影在牆面上，沒有了電視的框架，家裡任何一個角落都能成為電影院，是最具未來感的視聽新秀。

台灣為基地 生產高階鏡頭

此外，投影機的用途絕非一般人所知，僅是投放影像的機器，投影應用在生活中隨處可見。「『投影』跟『取像』的原理相同，3D 掃描列印就是掃描物體後再把影像投射出去；PCB 曝光機是將 UV 光投射出去，把 PCB 的導線定義出來，也算是投影技術；取像就是把影像『取』進來，數位相機、手機監控，就連指紋辨識也是取像的概念。」但生產取像用的高

階鏡頭難度更高，尤其是組裝上的公差能否與先進設計匹配，更是一大關鍵。

「每個元件有不同的組裝細節，一般鏡頭大約是 5 片組裝，但高階鏡頭動輒 10 幾個鏡片組裝，每個鏡片都有公差，且鏡片常是多群連動，每顆高階鏡頭包含螺絲等共計上百個元件，組裝稍有差池就會影響良率。」

吳昇澈進一步說明，高階鏡頭關鍵在於光的同軸度不能誤差太大，鏡頭是以微米（μm）為單位，差一點都不行，所以在研發設計時就要考量到組裝時的公

高階鏡頭的製程難度甚高，組裝上的公差能否與先進的研發設計匹配，更是一大關鍵。

差，花很多的心力。生產線運用自行開發的精密治工具，包含到整支鏡頭的組裝都運用精密治工具來執行。「初期產線未使用精密治工具時，每位作業員的良率不同，如今，每位作業員組裝的量與品質都能維持水準。未來產線也會導入自動化，因此我們的設計源頭都是朝未來可用自動化生產的概念來執行。」

助攻半導體產業　打響台灣隊名號

另外，應用於 IC 載板與先進封裝產業的高精度無光罩式 UV 曝光機高階鏡頭，則是上暘交出的另一張亮麗成績單。

　　台灣的半導體代工製造業位居全球領先地位，而曝光技術更是電子產業的關鍵製程，隨著電子產品應用更趨多元多樣，晶片設計日新月異，連帶使得封裝、PCB 製程也需要高度彈性，因此「無光罩曝光技術」成為市場主流，此技術是將傳統曝光系統中的玻璃或石英光罩，改由電腦控制的 DMD 微反射晶片產生的光學影像來取代，透過精密光學投影鏡頭對光阻進行曝光，從電腦程式就可進行切換、修正曝光圖形。無光罩曝光技術展現了高度彈性，大幅降低傳統光罩的製造時間與成本，提升產品開發效率。

　　然而，高精度無光罩式 UV 曝光機需仰賴進口，自製率僅 3% 至 4%，每年採購金額高達 2 千億美元。「像是志聖工業、川寶科技等大廠都投入曝光機研發，其中的鏡頭是關鍵技術，設備解析度、投影角度與廣度、鏡頭變形量等都與鏡頭息息相關，也決定了設備性能的優劣。」

　　為此，上暘跟成功大學攜手研發開發高精度無光罩式 UV 曝光機專用鏡頭，滿足了精密封裝的超高需求，曝光範圍內的畫面變形、均勻度能呈現極佳品質，加上在地化生產不僅使成本更具競爭力，對業界回饋也可立刻調整，這是上暘的優勢。

上暘從研發時就考量到組裝時的公差，為求品質穩定，產線採用精密設計的治工具來執行

眾志成城 光學產業共榮共好

上暘研發的高精度無光罩式 UV 曝光機專用鏡頭，也是 2021 年拿下「2021 年桃園卓越企業金牌獎新人王獎」的關鍵技術。市長鄭文燦參訪時，看見上暘能做出媲美國外生產的曝光機專用鏡頭，十分驚艷。「台灣的 PCB 產值占全球 3 成，而桃園又是台灣的 PCB 產業重鎮，設立於桃園的 PCB 相關企業就佔了該產業的 63.5%，因此，在桃園落地生根的上暘能自產高精度無光罩式 UV 曝光機專用鏡頭，對桃園而言更是意義非凡。」

2011 年創業迄今，才剛過 10 歲生日的上暘竟有如此好成績，吳昇澈謙虛的說，一路上扶持的貴人很多，特別要感謝台灣光學工業同業公會。「上一任理事長是亞洲光學林泰朗總經理，新接任的理事長則是佳凌科技的劉嘉彬董事長，我則擔任理事。這些光學大廠是上暘的客戶也是合作夥伴，從代理光學鏡片銷售開始締結合作關係，大老闆們很支持年輕人創業。」

吳昇澈加入公會後與同業互動密切，也讓同業了解上暘除投影機以外，也著手開發更多量少生產難度高的高階產品，這些對光學大廠而言投入研發不敷成本的產品，可由上暘來做，而光學大廠則挹注資源，大家一起把市場做大。「因此上暘所有的模具品、機構件等能與光學大廠合作，他們協助開模、射出甚至組裝，正因為有這些光學大廠的支持，上暘很有福氣，能使用一流模具做出高階元件，大幅提升產品競爭力，足以和國外品牌匹敵。」

客戶痛點 促發激勵研發實力

上暘懂得結合自身的實力與優勢，尋求光學業界共榮共好的模式，避開台灣光學業界目前在做的市場，另闢戰場，而靈活機敏的研發實力，更

2016 年，上暘光學成立研發部門，短短 6 年間已經拿下 27 件專利。

讓上暘屢屢取得國際大廠的青睞，像是國外的盧森堡客戶是 3D 列印高階掃描界數一數二的大品牌，技術獨步全球，而上暘成功順利打入供應鏈；台灣國際航電 Garmin 的「高爾夫球測距儀」和「獵槍十字標靶」就與上暘合作。此外，上暘不僅跨域到運動用品、軍用品，也跨域開發醫療產品。

「上暘開發口腔顯微鏡，是因為有牙醫反應，做根管治療時必須使用的口腔顯微鏡，僅能在 15 公分的距離內對焦，護理師跟醫生無法同時觀看。聽到醫師的心聲後，我們協助開發工作距離能拉大到 40 公分的口腔顯微鏡，且左右兩手皆能調焦距，醫師右手使用工具時左手也能調，甚至也能讓護理師來調整，更增添治療時的順暢度。」

　　從上暘的創業故事中可以窺探出，想在競爭環境下生存，就必須有源源不絕的研發力。「許多國際級大企業像是 Sony、Toshiba，即便產品曾穩佔市場，但隨著科技日新月異，產品定位難免有起有落，如何讓台灣企業也能像蔡司 Zeiss、徠卡 Leica 等品牌擁有不敗光環？然而蔡司 Zeiss、徠卡 Leica 在 100 年前也不知道自己在 100 年後仍有不朽品牌力，所以讓研發主軸往企業永續經營的願景方向前進至關重要！」

　　吳昇澈創立的上暘懂得從客戶痛點，促發激勵研發實力，充滿創意和靈活思維的研發團隊功不可沒，而他希望有機會能扶植更多的光學產業尖兵。身為現任光學元件技術發展諮詢委員會會長，同時也是北科大 EMBA 校友會第 5 屆理事長的吳昇澈，正積極規劃培育後進的管道，希望未來大專院校能針對光學設計開辦專班。

　　投影機裡投射的，不只是精彩璀璨的影像，更是吳昇澈的夢想。在他心裡，台灣不光是半導體產業能發光發亮，台灣在光學產業研發底蘊十分雄厚，很有機會成為下一座護國神山。上暘找到了光學設計的致勝點，在裡頭壯大自己，更看見了臺灣光學產業眾志成城、攜手合作的態勢，繼續朝世界第一的光學高階玻璃鏡頭設計與製造商的願景邁進。

上暘小檔案

　　上暘光學創立於 2011 年，從光學元件買賣業、代理商做起，2016 年成立研發部門，正式轉型為光學鏡頭設計公司，服務項目涵蓋各種投影鏡頭、工業鏡頭、汽車鏡頭、生命科學鏡頭，也跨足醫療和牙科顯微鏡等特殊鏡頭。上暘致力於提供高端鏡頭的整體解決方案。上暘的主力產品為投影機高階鏡頭，2021 年，年產量達百萬顆，全球市占率為 10%，成功打入 EPSON、Optoma、BENQ、ViewSonic 等世界知名投影機供應鏈。國內外 41 項專利，已有 27 件通過審核，預計 2024 年申請上櫃，朝世界第一的光學高階玻璃鏡頭設計與製造商之路邁進。

企業經營致勝法則總歸納

致勝法則一、洞察需求

從需求洞悉商機，在客戶尚未反應前就給予解方！

Smart Star 興采實業

興采實業以機能性紡織品為發展主軸，後因應全球氣候變遷，決心肩負起維護環境、永續發展的重任，轉而推動環保機能性紡織品。2008 年，成功研發世界首創的「S.Café® 環保科技咖啡紗」榮獲世界三大知名國際發明獎肯定，並持續創新研發，追求紡織品的優異機能。興采實業精準洞察市場需求、主動研發創新產品，從看似無用的廢棄物中發現新價值，為再生資源多盡一份心力。

Smart Star 瑞健醫療

瑞健醫療（SHL Medical）以台灣為據點，融合西方管理模式，成功在桃園打造具有國際水準的生產中心，目前已成為全球先進藥物輸送系統產業的領航者，提供全球客戶更多優質的醫療產品及工業設備需求。隨著智慧醫療的興起，瑞健也結合數位科技的注射器產品以符合市場趨勢，加上高效的生產能力，有效提供客戶全方位的解決方案。

致勝法則二、見樹見林

從小處窺見大局，在市場尚未成熟前就戰鬥位置！

Smart Star 碩陽電機

碩陽電機從事於精密馬達、醫療用馬達等傳動系統設計及製造，目前產品有直流有刷馬達、直流無刷馬達、電動腳踏車專用馬達、伺服馬達、驅動控制系統、磁阻馬達等節能高效率馬達。以「最快服務效率、達顧客最高滿意」為目標理念，透過最佳夥伴方式，讓客戶產品具競爭優勢。

Smart Star 元成機械

元成機械是台灣最具規模的生技製藥設備供應商，有超過 50 年的專業設計與生產技術，在全球製藥企業 20 強中，有多家採用元成的設備。元成秉持專業的研發團隊，提供優質的生技製藥設備及服務，開拓全球市場，創造合理的利潤，增進健康快樂，成為顧客最信任的策略夥伴。

致勝法則三、解構難題

用科技化解難題，從創新服務出發吸引客戶目光！

Smart Star 耿豪企業

耿豪企業主要產品包含高低壓配電盤、電驛盤、儀控盤、所內用電設備等，可完整提供一條龍式的生產服務。耿豪展現堅實的品牌價值，提供卓越的機電相關產品與售後服務，與客戶建立長期的夥伴關係，除了鈑金設備自動化，致力於流程精簡之外，也加強 3D 繪圖及加工技術，為客戶解決難題。

Smart Star 濾能公司

濾能公司為半導體製造流程上之微污染控制系統的專業製造商，其關鍵的核心技術是無塵室的潔淨技術，其中模組化抽取式化學濾網，滿足客戶對阻絕微污染源的多元需求，同時落實守護地球環境的企業使命。濾能創業精神結合「Go Clean，-Think Green！」的核心價值主張，致力成為客戶永續環境的最佳夥伴。

致勝法則四、利他共贏

用善念為出發點，從為他人著想的基礎擴大贏面！

Smart Star 葡萄王

葡萄王從事保健食品、一般食品、藥品的生產、製造及銷售。老牌子的葡萄王從傳統食藥廠成功轉型為生物科技界的領導者，並積極投入研究與發展關鍵之生技原料，擁有超過 30 年的研發經驗，建立了難以跨越的領先優勢，以「健康專家、照顧全家」為使命，與所有同仁一起創造葡萄王生技的成長和茁壯。

Smart Star 台灣房屋

台灣房屋不僅是房仲服務業，近年更積極解決氣候變遷、食安危機、人口變化等三大問題，提出「永續植育，植樹造林」、「友善土地，回饋社會」以及「樂齡住宅，頂級照護」等具體行動，不僅達到減碳效益、環境永續，更落實超越房仲產業的 ESG 創新概念。

Smart Star 3M

3M 在台灣始於 1969 年，從初創時期的 15 名員工逐步茁壯擴大至現今逾千人的規模，在製造、研發、業務行銷等不同領域提供顧客服務，在台銷售超過 30,000 種商品。3M 致力於整合並應用科學以改善更美好的生活，與遍及全球各地的顧客並肩同進，滿足客戶各式各樣的需求。

致勝法則五、以簡馭繁

讓繁瑣變得簡單，為客戶簡化難題打造崛起先機！

Smart Star 致茂電子

致茂電子為精密電子量測儀器、自動化測試系統、智慧製造系統與全方位量測 & 自動化 Turnkey 解決方案領導廠商，營運據點遍佈歐、美、日、韓、中國及東南亞，以創新的技術提供顧客更高的附加價值與服務滿足客戶的需求，並致力成為世界級的企業。

Smart Star 聚紡公司

聚紡是亞洲最大高階複合機能性布料貼合加工製造廠。營業項目包含乾式、濕式加工防水透濕紡織品，以及各項機能性紡織品的開發。長久以來，聚紡專注於紡織科技研發，建置高階精密染整、智慧自動化塗佈生產線，導入綠色環保生產技術及設備、自動倉儲管理系統，陸續榮獲 bluesign、Oeko-Tex 及 GRS 等國際環保機構認證。

致勝法則六、刻意練習

從生疏練成精熟，淬鍊技術讓企業成為箇中翹楚！

Smart Star 和迅生命科學

和迅生命科學是業界規模前三大的細胞製備廠，並以自身經驗提供顧問輔導服務，為桃園在地的高階生醫人才提供就業機會，也創造業界唯一的新藥開發商業模式。因應高齡化時代來臨，和迅持續努力開發新一代治療藥物，用以治療心血管疾病及衍生疾病，期能解決現今未被滿足的醫療需求。

Smart Star 日文科技

日文科技擁有最新進的金屬粉末射出成型 (M.I.M) 技術，是一個優良零組件製造廠。前身是金記印刷器材，專營印刷用號碼機和配件及電動打孔機，漸漸擴展至 3C 零件、汽車零件和其相關精密零件產品。近年來日文科技不斷成長，可生產的材質含括鐵鎳合金鋼、高速鋼、不銹鋼、氧化鋁等，已具備成熟的實力。

致勝法則七、促發激勵

積極備戰操勝券，激發出關鍵實力一舉打響名號！

Smart Star 全漢企業

全漢企業 (FSP Group) 為全球電源供應器專業製造領導大廠，為全方位綠色能源解決方案供應商，結合電源技術的領先地位以深耕綠能領域，提供更具競爭力的優質產品，成為客戶、消費者及供應商最可靠的夥伴，共同創造最佳價值。

Smart Star 上暘光學

上暘光學從光學元件買賣業、代理商做起，逐漸轉型為光學鏡頭設計公司，服務項目涵蓋各種投影鏡頭、工業鏡頭、汽車鏡頭、生命科學鏡頭，也跨足醫療和牙科顯微鏡等特殊鏡頭，並致力於提供高端鏡頭的整體解決方案。上暘的主力產品為投影機高階鏡頭，2021 年，年產量達百萬顆，全球市占率為 10%，成功打入世界知名投影機供應鏈。

實戰智慧 15家金牌卓越企業分享致勝法則

作　　者｜賴宛靖　黃立萍

企劃統籌｜集思創意顧問股份有限公司

企劃經理｜張淑美

封面設計｜劉偉欽

內頁排版｜楊閔如

董 事 長｜趙政岷

出 版 者｜時報文化出版企業股份有限公司

　　　　　108019 台北市萬華區和平西路 3 段 240 號 3 樓

　　　　　發行專線／ 02-2306-6842

　　　　　讀者服務專線／ 0800-231-705　02-2304-7103

　　　　　讀者服務傳真／ 02-2304-6858

　　　　　郵政劃撥／ 19344724 時報文化出版公司

　　　　　信　　箱／ 10899 臺北華江橋郵局第 99 信箱

時報悅讀網｜ http://www.readingtimes.com.tw

電子郵件信箱｜ liter@readingtimes.com.tw

法律顧問｜理律法律事務所　陳長文律師、李念祖律師

印　　刷｜和楹印刷有限公司

初版一刷｜ 2022 年 9 月

定　　價｜新台幣 450 元

I S B N ｜ 978-626-335-850-8

（缺頁或破損的書，請寄回更換）

實戰智慧：15家金牌卓越企業分享制勝法則 / 賴宛靖,
黃立萍文字. -- 一版. -- 臺北市：時報文化出版企業
股份有限公司, 2022.09 面；17*23 公分

ISBN 978-626-335-850-8(平裝)

1.CST: 企業經營 2.CST: 企業管理 3.CST: 成功法

494　　　　　　　　　　　　　　　111013201